高等职业教育智能制造技术专业群系列规划教材

GONGYE JIQIREN

SHOUZHUA SHEJI YU YINGYONG

工业机器人

手爪设计与应用

主　编　王惠卿　杨　妙

副主编　李　丽　李媛华

吕炜帅

参　编　李志光　徐洪亮

王永源

主　审　王翠凤

大连理工大学出版社

图书在版编目(CIP)数据

工业机器人手爪设计与应用 / 王惠卿，杨妙主编
. -- 大连 :大连理工大学出版社，2023.9
ISBN 978-7-5685-3431-4

Ⅰ. ①工… Ⅱ. ①王… ②杨… Ⅲ. ①工业机器人—械手—设计 Ⅳ. ①TP242.2

中国版本图书馆 CIP 数据核字(2021)第 252561 号

策划编辑	刘　芸	**责任编辑**	刘　芸
责任校对	吴媛媛	**封面设计**	张　莹

出版发行　大连理工大学出版社
地　　址　大连市软件园路 80 号　　**邮政编码**　116023
电　　话　0411-84708842(发行)　0411-84708943(邮购)
邮　　箱　dutp@dutp.cn
网　　址　https://www.dutp.cn

印　　刷	辽宁星海彩色印刷有限公司				
幅面尺寸	185mm×260mm	**印　　张**	11.25	**字　　数**	242 千字
版　　次	2023 年 9 月第 1 版	**印　　次**	2023 年 9 月第 1 次印刷		
书　　号	978-7-5685-3431-4	**定　　价**	40.80 元		

本书如有印装质量问题，请与我社发行部联系更换。

前言

科技迅猛发展的今天，工业机器人的应用已经遍及制造业领域的各个部门，工业机器人应用市场前景光明。我国制造工业机器人的企业有很多，但大多是做集成的。工业机器人手爪专业性很强，但通用性不高，因此手爪的设计往往成为工业机器人厂家重要的工作。

本教材所讲内容属于新型产业领域，考虑到工业机器人手爪设计人才的需求日益紧迫，为尽快满足企业人才需求，我们组织高职院校骨干教师和企业技术专家编写了本教材。

本教材在编写过程中力求突出以下特色：

1. 创新性。因为工业机器人手爪设计等同于非标产品的设计，所以本教材借鉴了非标产品的设计理论和方法。同时工业机器人手爪设计又有其特殊性，比如如何与手腕连接，如何保证其动力性能和安全性能等，这些都在书中有所讲述。

2. 合理性。本教材根据教育部印发的《职业教育专业目录(2021年)》以及2022年修订的《职业教育专业简介》的要求进行编写。考虑到设计工作是如盖楼房般层层递进搭建作品的，故本教材依据设计人员的设计思路逐步展开讲述。

3. 适用性。本教材面向对象为高等职业院校学生。在编写过程中，按照高职学生的认知规律，本着够用即可的原则创设各个模块，避免了大量复杂的计算及复杂的工业机器人理论，内容简洁易懂。

4. 实用性。本教材在理论讲述后，均采用企业实际工业机器人手爪进行举例说明，实现与工作岗位无缝对接。通过本教材的学习，学生能够掌握工业机器人手爪设计从合理设计零部件到与腕部连接可靠性等一系列理论知识。

本教材的配套资源包括文本、动画、视频等形式多样的微课、多媒体课件等，为教师的教学提供了更多的便利和帮助，同时提高了学生的学习兴趣和学习效果。

本教材可作为高职院校工业机器人技术、智能机器人技术、机电一体化技术等专业的教学用书，也可供工业机器人相关专业领域的技术人员参考使用。

本书由长春汽车工业高等专科学校王惠卿、杨妙任主编；长春汽车工业高等专科学校李丽、李媛华，天津机电职业技术学院吕炜帅任副主编；长春汽车工业高等专科学校李光志、徐洪亮，长春富维安道拓汽车饰件系统有限公司王永源任参编。具体编写分工如下：王惠卿编写模块一和二；杨妙编写模块四；李丽编写模块三；李媛华编写模块五；吕炜帅编写模块六；李志光、徐洪亮、王永源负责实例的收集、整理、审核以及数字资源的建设。福建信息职业技术学院王翠凤审阅了全书并提出了许多宝贵意见和建议，在此表示衷心的感谢！

在编写本教材的过程中，我们参考、引用和改编了国内外出版物中的相关资料和网络资源，在此对这些资料的作者表示深深的谢意。请相关著作权人看到本教材后与出版社联系，出版社将按照相关法律的规定支付稿酬。

由于编写时间有限，教材中仍可能存在一些疏漏和不足之处，恳请读者批评指正，并将建议及时反馈给我们，以便修订时改进。

编　者

所有意见和建议请发往：dutpgz@163.com
欢迎访问职教数字化服务平台：https://www.dutp.cn/sve/
联系电话：0411-84707424　84708979

目录

本书配套数字资源列表

序号	资源名称	资源类型	序号	资源名称	资源类型
1	工业机器人	动画	20	连杆式齿轮驱动手爪	动画
2	机器人组成	视频	21	抓取定位	视频
3	六自由度关节型机器人	视频	22	拓展资料	文本
4	拓展资料	文本	23	主体框架类型(铝型材)	视频
5	工业机器人手爪的应用	动画	24	主体框架(角管)	视频
6	夹钳式手爪	视频	25	主体框架(圆管)	视频
7	工业机器人手爪的工作过程	视频	26	普通型吸盘	视频
8	工业机器人手爪的设计要求	视频	27	特殊型吸盘	视频
9	二自由度机器人手爪	视频	28	气吸附式手爪的应用(一)	视频
10	谐波减速器	视频	29	气吸附式手爪的应用(二)	视频
11	焊接机器人生产线系统	动画	30	拓展资料	文本
12	工业机器人手爪立体库	动画	31	磁吸附式手爪的应用	视频
13	拓展资料	文本	32	磁吸附式手爪的分类	视频
14	滑槽杠杆式手爪	动画	33	电磁吸盘	视频
15	连杆杠杆式手爪	动画	34	拓展资料	文本
16	齿轮齿条式手爪	动画	35	末端操作器	动画
17	手爪类型	视频	36	胶块搬运手爪	视频
18	内卡式手爪	动画	37	拓展资料	文本
19	外卡式手爪	动画			

模块一

认识机器人

学习目标

1. 了解机器人的分类及特点。
2. 掌握机器人的组成结构。
3. 掌握机器人的主要参数。

能力目标

1. 能根据要求选择合适的机器人种类及参数。
2. 培养逻辑思维能力。

素质目标

1. 增强探索精神和求知欲,建立不断增长新知识的能力。
2. 增强知识融合的能力。

单元一 机器人概述

一、机器人的发展历程

机器人是指自动执行工作的机器装置，包括一切模拟人类行为或思想和模拟其他生物的机械（如机器狗、机器猫等）。狭义上对机器人的定义还有很多分类法及争议，有些计算机程序甚至也被称为机器人。在当代工业中，机器人是指能自动运行任务的人造机器设备，用以取代或协助人类工作，一般是机电设备，由计算机程序或电子电路控制。

我国古代一些发明家也设计出了许多机械设备，如带有传动装置的“木牛流马”机器马车，用于运送军粮；计里鼓车，能够自动计算车程并予以击鼓提醒。

500 多年前，达·芬奇在人体解剖学的基础上利用木头、皮革和金属外壳设计出了初级机器人。

19 世纪，瑞士的钟表匠利用齿轮和发条的原理发明了会写字的机器人。

1927 年，美国西屋公司工程师温兹利制造了第一个机器人“Televox”，并在纽约举行的世界博览会上展出。它是一个电动机器人，装有无线电发报机，可以回答一些问题，但不能走动。

1928 年，W. H. Richards 发明出第一个人形机器人。这个机器人内置电动机装置，能够进行远程控制及声频控制。

现代型机器人的研究发展从 20 世纪中期开始。由于当时计算机技术的突破性进展及核能的开发需求，能够投入生产的工业机器人应运而生。其中计算机技术是机器人自动化操作的支持。

1954 年，美国 George Devol 最早提出了工业机器人的概念，并申请了专利。该专利的要点是借助伺服技术控制机器人的关节，利用人手对机器人进行动作示教，机器人能实现动作的记录和再现。这是世界上第一台可编程的机器人，其于 1961 年投入到通用汽车生产线上开始参与工作。

利用 George Devol 所授权的专利技术，Unimation 公司在 1959 年研制出了世界上第一台工业机器人。

1965 年,美国麻省理工学院的 Roborts 演示了第一个具有视觉传感器的、能识别与定位简单积木的机器人系统。

1969 年,日本早稻田大学加藤一郎实验室研发出第一台以双脚走路的机器人。加藤一郎长期致力于研究仿人机器人,被誉为“仿人机器人之父”。

1992 年,从麻省理工学院分离出来的美国波士顿动力公司相继研发出能够直立行走的军事机器人 Atlas 以及四足全地形机器人“大狗”“机器猫”等,令人叹为观止。

2012 年,美国“发现号”成功将首台人形机器人送入国际空间站。这位机器宇航员被命名为 R2,R2 活动范围接近于人类,并可以像宇航员一样执行一些比较危险的任务。

如今耳熟能详的“人工智能”“深度学习”在过去的三十年中便有了不少的研究。而随着大数据时代的到来,以数据为依托的深度学习技术取得了突破性的发展,比如语音识别、图像识别、人机交互等。人工智能机器人的典型代表有 IBM 的“沃森”、Pepper 等。在未来的机器人技术研究中,深度学习仍然是一大趋势。

近年来,我国工业机器人领域核心共性技术与智能化水平快速提升,本体研发、系统集成、关键零部件生产得到充分发展,为制造业提质增效、换档升级提供了全新动能。此外,依托人工智能、云计算、大数据、物联网等技术的普及使用,服务机器人的功能场景不断拓展,带动了相关市场规模的高速增长。

我国机器人产业蓬勃发展的同时,仍然面临核心技术突破不足、创新要素配置有待优化、市场发展环境规范程度有待提升等问题。作为新时代的青年有责任、有义务学好本领,为中华民族的伟大复兴做出自己的贡献。

机器人技术作为 20 世纪人类伟大的发明之一,自 20 世纪 60 年代初问世以来,经历了 60 多年的发展,已取得显著成果。走向成熟的工业机器人,各种用途的特种机器人的实用化,昭示着机器人技术灿烂的明天。

二、机器人的类型

目前机器人已经应用于各个领域,机器人按照其应用领域分类,分为工业机器人、服务机器人和特种机器人等,如图 1-1 所示。

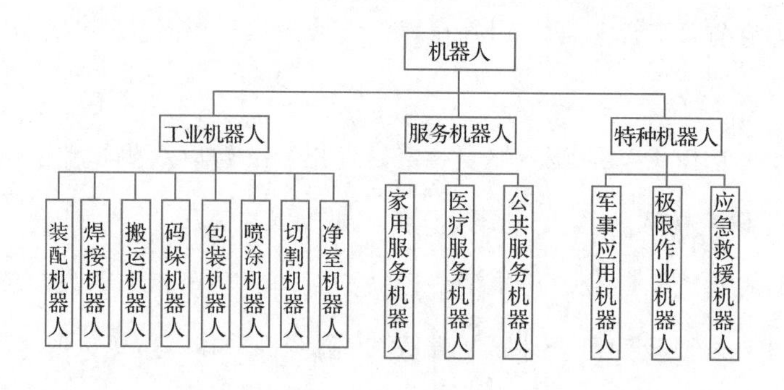

图 1-1　机器人的种类

目前机器人已经越来越广泛地应用于生活服务、工业生产和军事等各个领域，其中工业机器人是目前应用最广泛、技术成熟度最高的一类机器人。

1. 工业机器人

20 世纪 50 年代末，工业机器人开始投入使用。自此，在工业生产领域，很多繁重、重复的流程性作业可以由工业机器人来代替人类完成。经历 60 多年的发展之路，工业机器人进入了普及期，并向高速、高精度、轻量化、成套系列化和智能化方向发展，以满足多品种、少批量的需要。

工业机器人作为一种多用途的、可重复编程的自动控制操作机，具有三个或更多可编程的轴，用于工业自动化领域。为了适应不同的用途，工业机器人最后一个轴的机械接口(图 1-2)通常是一个连接法兰，可接装不同工具(这些工具也称为末端操作器)，从而用于不同生产中，产生不同工种机器人。工业机器人按其应用分类，分为喷涂机器人、焊接机器人、装配机器人、搬运机器人、包装机器人、码垛机器人、切割机器人、净室机器人等。

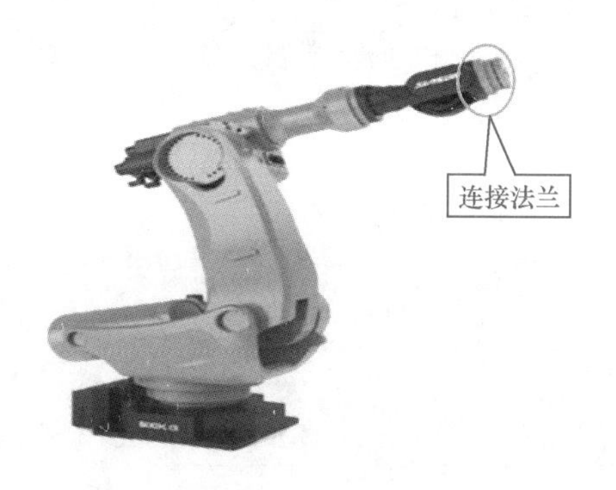

图 1-2　工业机器人

(1)喷涂机器人

喷漆作业一向被列为有害工种。在我国工业机器人发展历程中,喷涂机器人(图 1-3)是比较早开发的机器人项目之一 。喷涂机器人主要包含三部分:机器人、雾化喷涂系统和喷涂控制系统。机器人由机器人本体和控制柜(硬件及软件)组成,机器人本体多采用 5 或 6 自由度关节式结构,手臂有较大的运动空间,并可做复杂的轨迹运动,其腕部一般有 2 或 3 个自由度,可灵活运动。雾化喷涂系统包括流量控制器、雾化器和空气压力调节器等。喷涂控制系统包括空气压力模拟量控制、流量输出模拟量控制和开枪信号控制等。与传统的机械喷涂相比,采用喷涂机器人大大降低了人工喷涂的劳动强度,解决了人为喷涂厚度不均的问题。

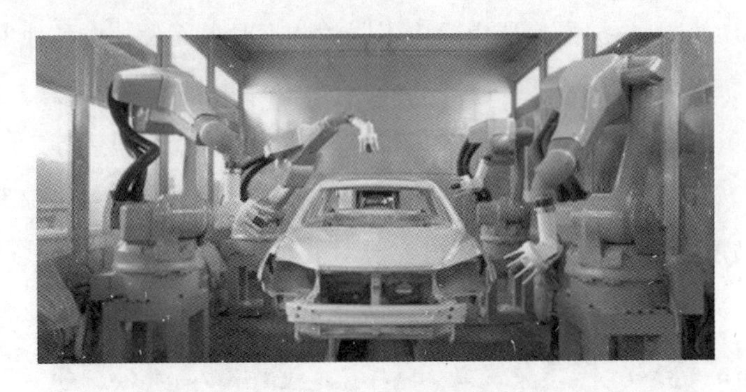

图 1-3　喷涂机器人

(2)焊接机器人

焊接人工作业受个人技术成熟度的限制,工作效率和质量也会受到限制。焊接机器人(图 1-4)通过手眼系统的视觉功能对焊接的位置进行在线的视觉定位、矫正以及补偿,将所得到的坐标信息传输给机器人进行焊接,从而确保定位准确的稳定度达到更高。焊接机器人主要包括机器人和焊接设备两部分。

图 1-4　焊接机器人

机器人由机器人本体和控制柜(硬件及软件)组成。而焊接设备,以弧焊及点焊为例,由焊接电源(包括其控制系统)、送丝机(弧焊)、焊枪(钳)等部分组成。对于智能机器人还应有传感系统,如激光或摄像传感器及其控制装置等。世界各国生产的焊接机器人基本上都属于关节坐标型机器人,大部分有6个轴。其中,1、2、3轴可将末端工具送到不同的空间位置,而4、5、6轴满足工具姿态的不同要求。

(3)装配机器人

装配机器人(图1-5)是柔性自动化装配系统的核心设备,由机器人操作机、控制器、末端操作器和传感系统组成。其中,机器人操作机的结构类型有水平关节型、直角坐标型、多关节型和圆柱坐标型等;控制器一般采用多CPU或多级计算机系统,实现运动控制和运动编程;末端操作器为适应不同的装配对象而设计成各种手爪和手腕等;传感系统用来获取装配机器人与环境和装配对象之间相互作用的信息。但是装配机器人尚存在一些亟待解决的问题,如装配操作本身比焊接、喷涂、搬运等工作复杂,装配环境要求高,装配效率低,缺乏感知与自适应的控制能力,难以完成变化环境中的复杂装配,机器人的精度要求较高,否则经常出现装不上或"卡死"现象。

图1-5　装配机器人

2. 特种机器人

特种机器人应用于专业领域,一般由经过专门培训的人员操作或使用,能辅助或代替人执行任务。特种机器人按照应用领域可分为军事应用机器人、极限作业机器人和应急救援机器人等。

(1)军事应用机器人

历史上,高新技术大多首先出现在战场上,机器人也不例外。早在第二次世界大战期间,德国人就研制并使用了扫雷及反坦克用的遥控爆破车,美国则研制出了遥控飞行

器，这些都是最早的机器人武器。随着计算机技术、大规模集成电路、人工智能、传感器技术以及工业机器人的飞速发展，军事应用机器人的研制也备受重视。现代军用机器人的研究首先从美国开始，他们研制出了各种地面军事应用机器人、无人潜水器、无人机，近年来又把机器人考察车送上了火星。

(2)极限作业机器人

在一些极限工况下，如极寒、超高温、空间极狭小等，人类无法进行工作，但是机器人可以不受生理、心理极限限制完成任务。这些机器人是自主式机器人，不需要有线制导，也不需要事先做计划，一旦编好程序，它随时可以完成指定的任务。图 1-6 所示为可进入血管的机器人。

图 1-6　可进入血管的机器人

(3)应急救援机器人

在火灾、地震现场，情况极其复杂，救援人员无法深入救援，此时应急救援机器人就会代替救援人员进入地形复杂的灾害现场完成环境监测、生命搜索等任务。

单元二　机器人的组成结构及主要参数

一、机器人的组成结构

机器人形态各异，功能多样，但无论何种机器人，其组成都包括驱动机构、传动机构、执行机构、感知系统和控制系统五大部分，各部分的关键技术及组成如图 1-7 所示。在此重点介绍执行机构。

机器人执行机构即按照要求可以实现机器人各关节运动的机构。机器人按照其运动形式分为直角坐标型、圆柱坐标型、球坐标型和关节坐标型，如图 1-8 所示。

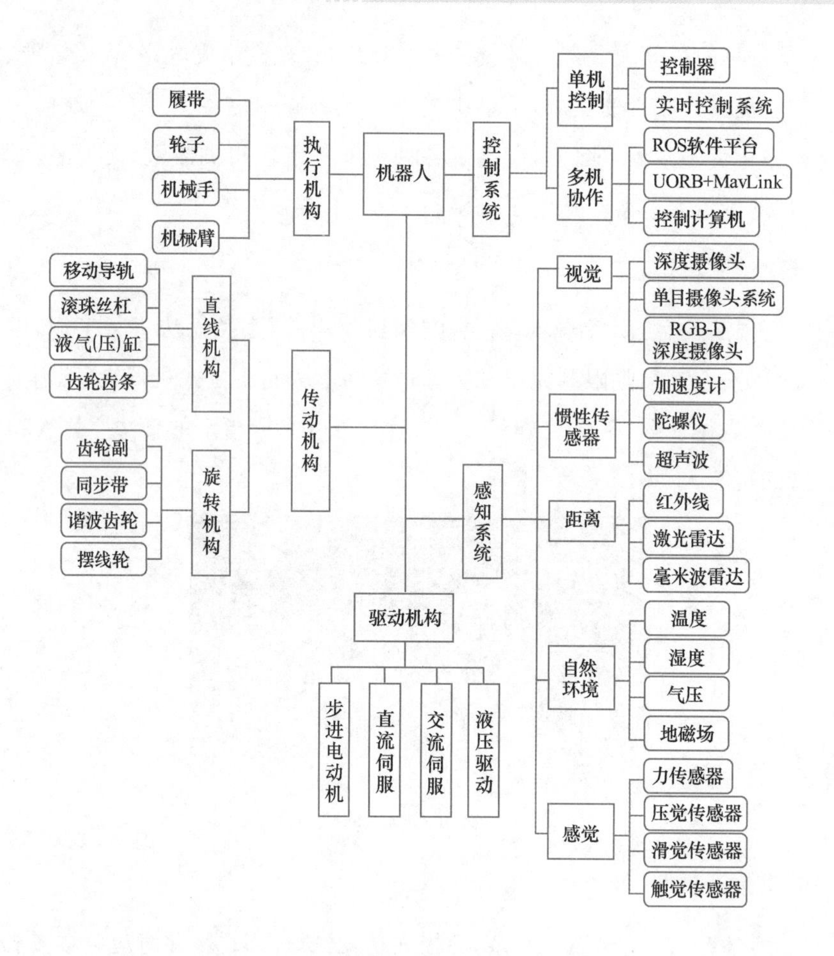

图 1-7　机器人的组成

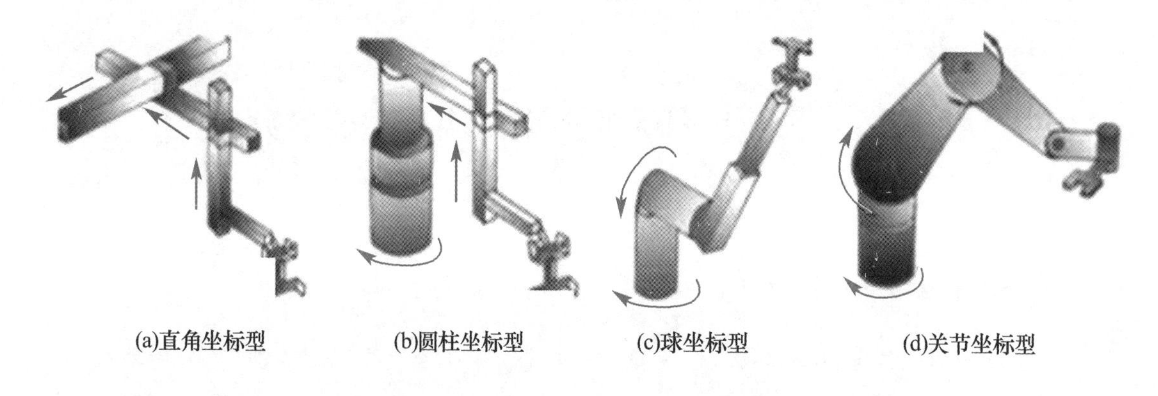

图 1-8　机器人执行机构的类型

(1)直角坐标型机器人

直角坐标型机器人适用于工作位置成行排列或与传送带配合使用的场合。它的手

臂可进行伸缩、上下和左右移动。

(2)圆柱坐标型机器人

圆柱坐标型机器人适用于搬运和测量工件。它可做一个旋转运动、一个直线运动和一个不在直线运动所在平面内的旋转运动;或者两个直线运动加一个旋转运动。

(3)球坐标型机器人

球坐标型机器人自由度较多,用途较广,可做两个旋转运动(或摆动)、一个极轴方向移动,动作范围较大。

(4)关节坐标型机器人

关节坐标型机器人手臂具有大臂和小臂的摆动以及肘关节和肩关节的运动。关节坐标型机器人可具有多个自由度,动作比较灵活,应用广泛。

机器人执行机构根据不同应用场合,而有较大差异。相对来说,工业机器人具有一定的通用性,其机械结构大多由直线机构和旋转机构构成,从而组成机身、手臂、手腕、手爪四部分,具有多自由度,可实现预定动作,如图 1-9 所示。

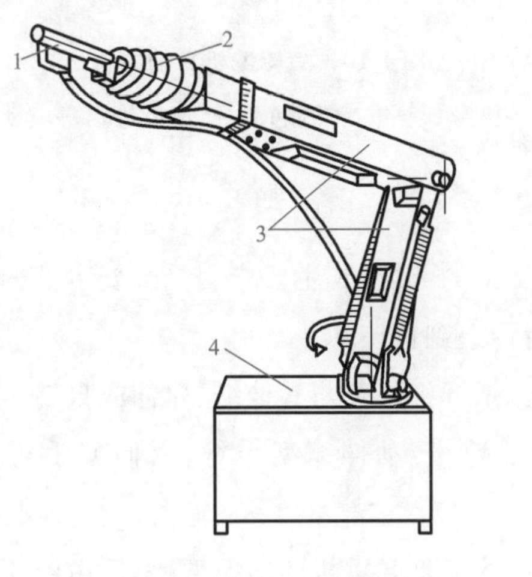

机器人组成

图 1-9　机器人的结构

1—手爪;2—手腕;3—手臂;4—机身

1. 机身

机身是机器人的基础部分,起支承作用。由于机器人的运动形式、使用条件、负载能力各不相同,所采用的驱动机构、传动机构、导向装置也不同,因此机身结构有很大差异。一般情况下,实现手臂的升降、回转或俯仰等运动的驱动机构或传动机构安装在机

身上。手臂的运动越多，机身的结构和受力越复杂。

机器人机身分为三种：固定型、移动型和旋转型。

固定型机身不动，机身放在地基上，手臂、手腕、手爪执行动作。

移动型机身可移动，机身放在移动机构上，移动机构有履带、轮子或者导轨等，如图 1-9 所示。

旋转型机身可以进行回转，其结构为电动机驱动减速齿轮带动锥齿轮副的旋转机构，以实现手臂的回转动作，如图 1-10 所示。

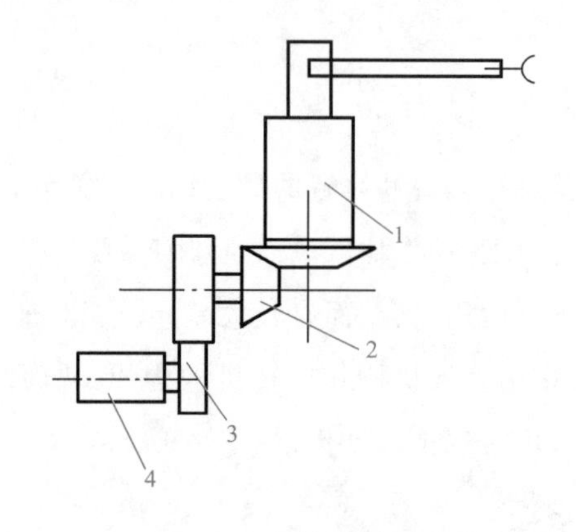

图 1-10　旋转型机身的结构

1—机身；2—锥齿轮副；3—减速齿轮；4—电动机

2. 手臂

手臂是连接机身和手腕的部分，其主要作用是改变手部的空间位置，满足机器人的作业空间，并将各种载荷传递到机座。

机器人的手臂主要包括臂杆以及与其伸缩、屈伸或自转等运动有关的构件，依据实现动作不同分为伸缩型手臂、转动伸缩型手臂、屈伸型手臂及其他专用的机械传动手臂。

伸缩型手臂比较常见的就是起重机的伸缩型手臂，由液压缸驱动，如图 1-11 所示。

图 1-11　起重机的伸缩型手臂

转动伸缩型手臂由液压缸或直线电动机实现伸缩，由同步带传动或电动机减速机构实现手臂旋转动作。如图 1-12 所示，液压缸实现手臂伸缩，电动机减速机构带动手臂转动，以实现手臂俯仰动作。

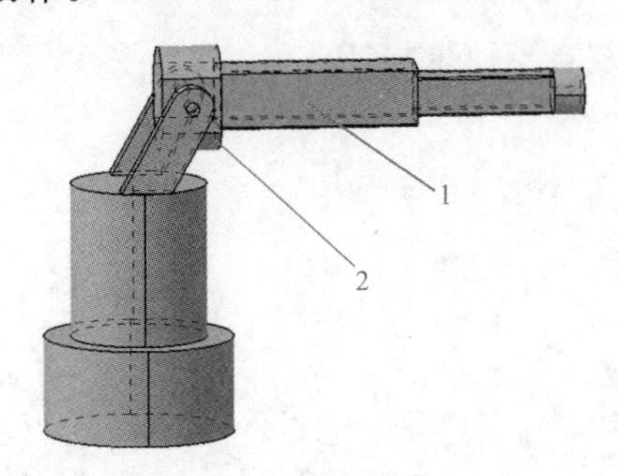

图 1-12　转动伸缩型手臂

1—液压缸；2—电动机减速机构

屈伸型手臂由大、小臂组成，大、小臂间有相对运动。屈伸型手臂与机身间的配置形式关系到机器人的运动轨迹，可以进行平面运动，也可以进行空间运动，如图 1-13 所示。

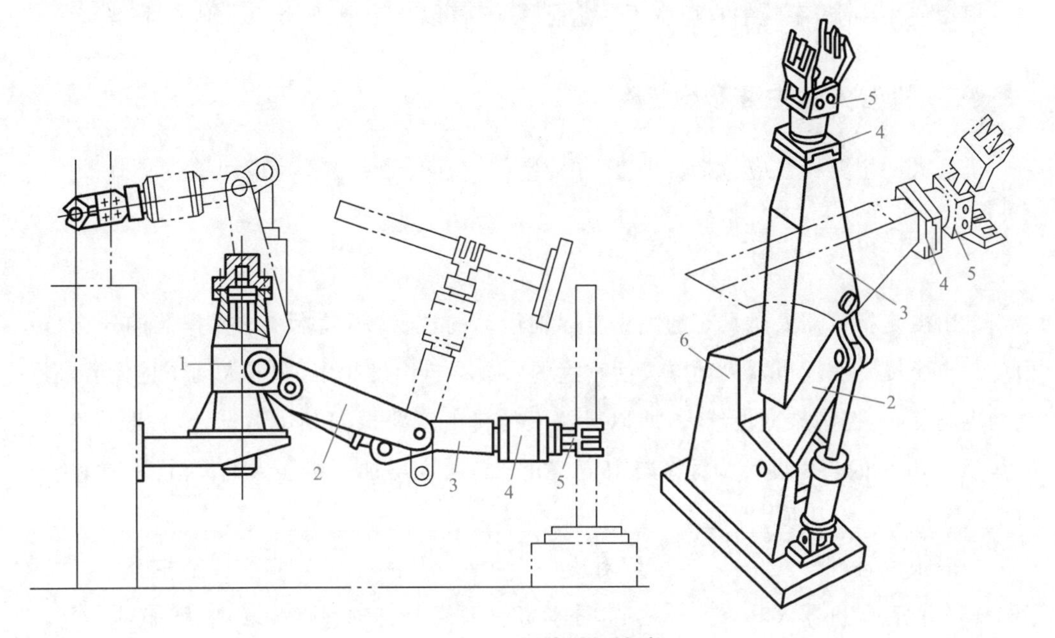

图 1-13　屈伸型机械臂

1—立柱；2—大臂；3—小臂；4—腕部；5—手部；6—机身

3. 手腕

机器人的手腕起支承手爪的作用，手腕是连接手爪和手臂的部件。机器人一般具

有 6 个自由度才能使手爪(末端操作器)达到目标位置和处于期望的姿态,手腕的自由度主要是实现所期望的姿态的。手腕一般需要 3 个自由度,由 3 个回转关节组合而成。

手腕动作有 3 个(图 1-14):绕小臂轴线方向的旋转称为臂转;使手爪相对于手臂进行的摆动称为腕摆;手爪绕自身轴线方向的旋转称为手转。

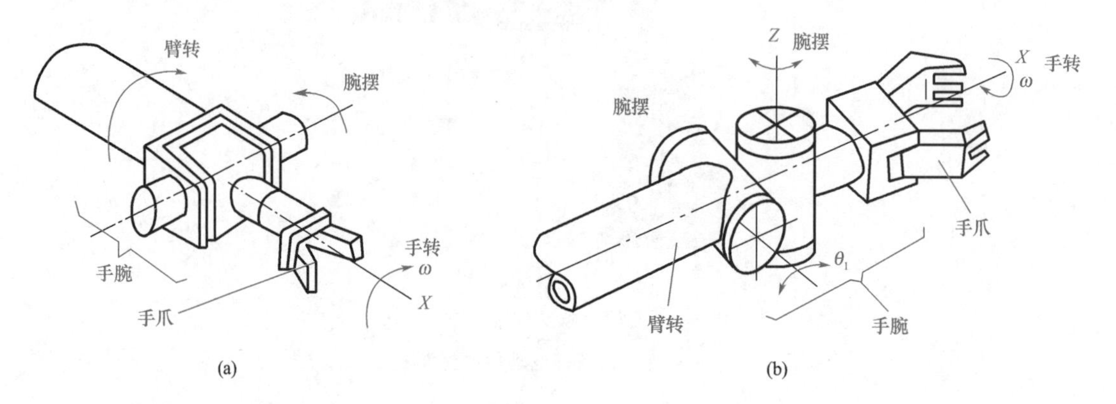

图 1-14　机器人的手腕动作

根据使用要求,手腕的自由度不一定是 3 个,可以是 1 个、2 个、3 个或 3 个以上。

二、机器人的主要参数

机器人的主要参数应包括自由度、作业空间、精度、最大工作速度和承载能力。

1. 自由度

自由度是指机器人所具有的独立坐标轴运动的数目,不包括末端操作器的开合自由度。自由度是表示机器人动作灵活程度的参数。自由度越多,机器人动作越灵活,但结构也越复杂,控制难度也越大,所以机器人的自由度要根据其用途设计,一般为 3～6 个。大于 6 个的自由度称为冗余自由度。冗余自由度增加了机器人的灵活性,有利于机器人避障,改善其动力性能。

一般来说,机器人的一个自由度对应一个关节,自由度与关节数目是相等的。如图 1-15(a)所示,机器人共有 5 个关节,分别可以围绕各自轴线做腰转、上臂俯仰、下臂俯仰、腕俯仰和腕扭转,一共 5 个自由度。

六自由度关节型机器人

机器人手臂可以看作一个开链式多连杆机构,始端连杆是机器人的机座,末端连杆与工具相连,相邻连杆之间用一个关节连接在一起。一个有 6 个自由度的机器人,由 6 个连杆和 6 个关节组成。连杆 0 不

包含在这 6 个连杆内，连杆 1 与机座由关节 1 相连，连杆 2 通过关节 2 与连杆 1 相连，以此类推，如图 1-15(b)所示。

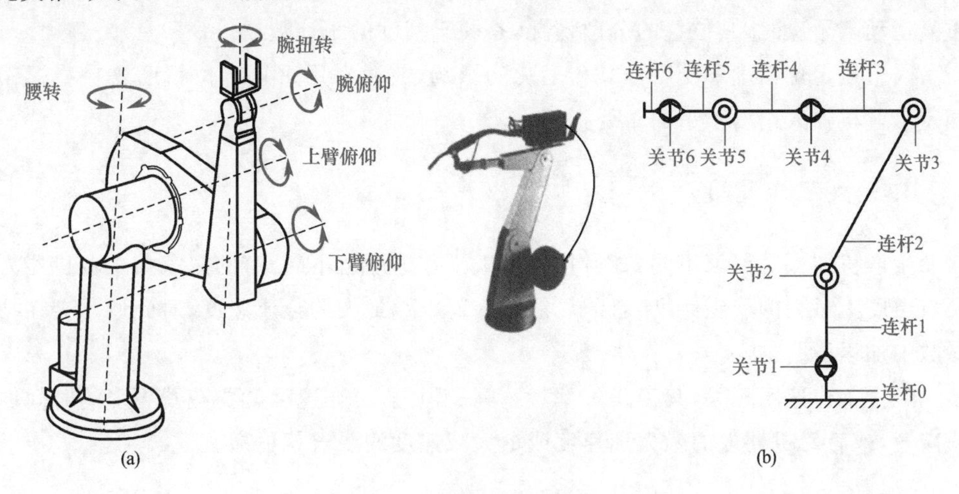

图 1-15　机器人自由度

2. 作业空间

作业空间是机器人运动时手臂末端或手腕中心所能到达的所有点的集合，也称为工作区域或作业范围，如图 1-16 所示。由于末端操作器的形状和尺寸是多种多样的，为真实反映机器人的特征参数，故作业空间是指不安装末端操作器时的工作区域。作业空间的大小不仅与机器人各连杆的尺寸有关，还与机器人的总体结构形式有关。

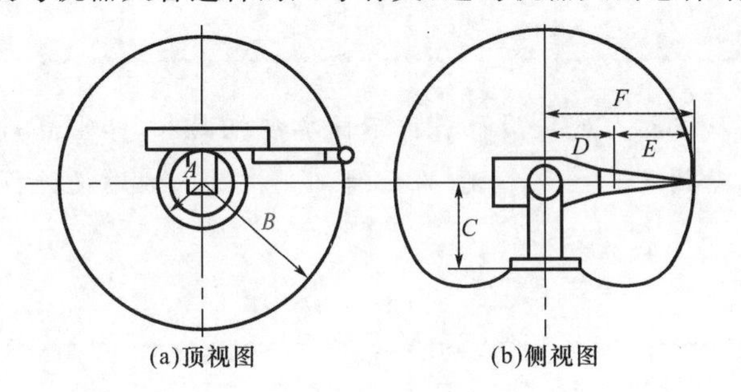

图 1-16　机器人作业空间

作业空间的形状和大小是十分重要的，机器人在执行某作业时可能因存在手部不能到达的盲区而不能完成任务。

3. 精度

定位精度和重复定位精度是机器人的两个精度指标。

定位精度是指机器人末端操作器的实际位置与目标位置之间的偏差，由机械误差、控制算法与系统分辨率等部分组成。

重复定位精度是指在同一环境、同一条件、同一目标动作、同一命令下，机器人连续重复运动若干次时，其位置的分散情况，是关于精度的统计数据。

因重复定位精度不受工作载荷变化的影响，故通常用重复定位精度这一指标作为衡量工业机器人精度水平的重要指标。

4. 最大工作速度

生产机器人的厂家不同，其所指的最大工作速度也不同，有的厂家指工业机器人主要自由度上最大的稳定速度，有的厂家指手臂末端最大的合成速度，对此通常会在技术参数中加以说明。

最大工作速度越大，其工作效率就越高。但是，工作速度就要花费更多的时间加速或减速，或者对机器人的最大加速度或最大减速度的要求就更高。

5. 承载能力

承载能力是指机器人在作业范围内的任何位姿上所能承受的最大质量。承载能力不仅取决于负载的质量，还与机器人运行的速度和加速度的大小和方向有关。

为保证安全，将承载能力这一技术指标确定为高速运行时的承载能力。通常，承载能力不仅指负载质量，还包括机器人末端执行器的质量。

小　结

本模块主要从机器人发展历程引出不同类型机器人，并重点讲解工业机器人的结构及其主要参数，为后续工业机器人方案设计提供初步概要。

拓展资料

素养提升

蒋新松作为“中国机器人之父”，提出、组织并直接负责机器人的研究、开发及产品系列化工作。1979 年经他提议的“智能机器在海洋中应用”被列入国家“六五”重大科技项目，他任该项目总设计师，制定总体方案，并负责部分航控系统的具体设计与装调，攻克一系列关键技术，研制出“海人一号”样机，1985 年

12月首次试航成功，并深潜199 m，能灵活自如地抓取海底指定物，技术达到了当时同类型产品的世界水平。他负责组织研制工业机器人及特种机器人。70年代末80年代初，他主持并参加了我国第一台机器人的控制系统总体和控制算法设计，提出了基于微分分析器原理的轨迹算法的快速实现方法，该成果获中国科技进步二等奖。他领导并参加了"七五"攻关工业机器人的心脏——控制器的任务，提出采用"两头在内，中间在外"的现代化动态联合公司方式，着手筹建工业机器人产业，已初步开拓了一批国内市场。他创建国家机器人技术研究开发工程中心和机器人学开放实验室。1983年经他建议，"机器人示范工程"被列为"七五"国家重大工程项目，他被聘为机器人示范工程总经理，直接领导并参加了可行性论证、总体设计与实施，仅用了两年多就建成了11个实验室，1个例行实验室，1个计算中心和1个样机工厂，并投入运行，为该中心先后完成科研课题76项并成为我国机器人开发工程转化基地、高级人才培养基地，为学术交流基地做出贡献。在此期间，他还开发了深潜100 m及300 m两种轻型水下机器人，已列装部队，并主持水下机器人"探索者一号"的研制，于1994年在南海试验成功，1995年获中国科学院科技进步奖一等奖。与俄罗斯合作，研制深潜6 000 m的无缆水下机器人CR-01，他指导并参加了总体初步设计，提出了完整的动力学分析及各种情况下航行探制，1995年8月完成了太平洋深海试验，取得了海底清晰照片，为建立我国水下机器人系列化产品的生产基地做出了重要贡献。

他在我国机器人发展上的卓越的成就，以及不朽的爱国精神、科学奉献精神永远激励着一代又一代的年轻人。

思考题

1. 机器人的主要参数有哪些？

2. 机器人的与其他机器设备相比，具有哪些其他机器设备所不具备的机构及特性？

3. 机器人的自由度如何计算？

模块二

认识工业机器人手爪

学习目标

1. 了解工业机器人手爪的类型及特点。
2. 掌握工业机器人手爪设计要求及步骤。
3. 掌握工业机器人手爪设计主要参数计算。

能力目标

1. 能根据要求进行培养机器人手爪设计计算。
2. 培养知识综合运用的能力。
3. 培养创新能力。

素质目标

具有严谨的工作态度、踏实求是的工作精神和创新的思维。

单元一 工业机器人手爪的特点及类型

一、概 述

随着机器人产业的蓬勃发展,机器人广泛地应用于生活、生产的各个方面。机器人手爪作为机器人与周围环境相互作用的执行部位和感知部位,是一个高度集成、具有多种感知功能的智能化机电系统。机器人手爪结构正由简单走向复杂,由笨拙走向灵巧,其应用由简单劳动向更加精细的劳动方向发展。

工业机器人手爪的应用

由于机器人手爪的重要性,美国、德国、日本、俄罗斯等国家先后研制了多种通用和专用型机器人手爪,手爪的灵活性和可靠度得到很大提高。我国机器人研究起步较晚,近些年在国家的大力扶持下,机器人手爪的研究得到了良好发展,但是想达到世界领先水平还有很长的路要走。手爪的驱动部件、传感部件等关键零部件技术还要依赖进口。科技是国之利器,国家赖之以强,企业赖之以利,人民赖之以富。当前,我国正在构建新发展格局,新发展格局一个重要的特征是实现高水平的自立自强。其中,科技自立自强成为决定我国生存和发展的基础能力。因此打破外国技术垄断和封锁,实现完全自主知识产权是当务之急。

由于手爪的应用环境复杂,因此手爪抓取的可靠性、环境的适应性、控制的简单性、自主能力强是衡量设计水平的重要标志。性能优良的机器人手爪应能实现可靠、快速、准确的抓取。

二、工业机器人手爪的特点

(1)手爪和腕部连接处可拆卸,手爪和腕部有机械接口,也可以有电、气、液接头,当工业机器人作业对象不同时,可以拆卸和更换手部。

(2)手爪也是工业机器人的末端操作器。它可以像人的手指一样,也可以不具备手指;可以是类人的手爪,也可以是作业工具,如焊接工具等。

(3)手爪通用性较差。工业机器人的手爪通常是专用装置,一种手爪一般只能抓握一种或几种形状、质量、尺寸等方面相近的工件,只能执行一种作业任务。

(4)手爪是一个独立的部件,它决定着工业机器人作业完成的质量。

三、工业机器人手爪的类型

按照夹持原理分类，工业机器人手爪可分为夹钳式、吸附式等，其中，吸附式又可分为气吸附式和磁吸附式。

1. 夹钳式手爪

夹钳式手爪如图 2-1(a)所示，其应用最为广泛；勾托式手爪[图 2-1(d)]和弹簧式手爪[图 2-1(e)]属于夹钳式手爪。大多数具有立体结构的工件都可以通过不同结构的夹钳式手爪进行抓取，夹钳式手爪也可以夹持操作工具。

夹钳式手爪

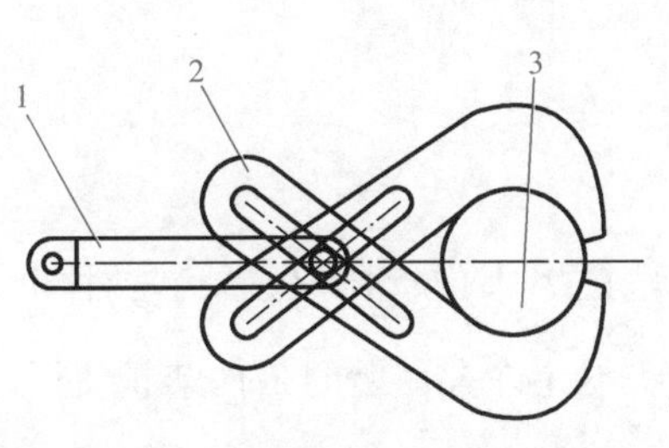

(a)夹钳式

1—推杆(与驱动机构相连)；2—夹钳；3—工件

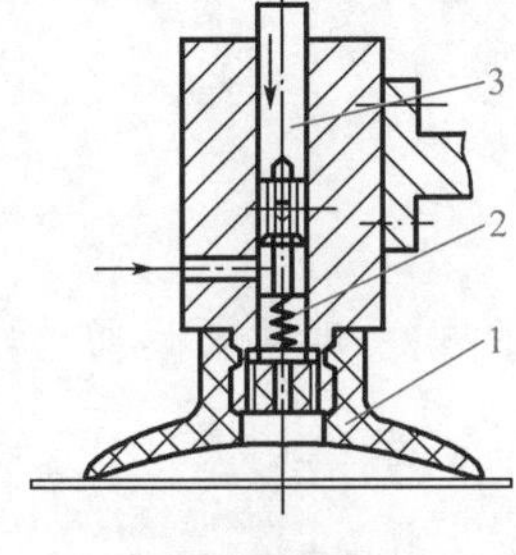

(b)气吸附式

1—橡胶吸盘；2—弹簧；3—拉杆

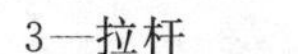

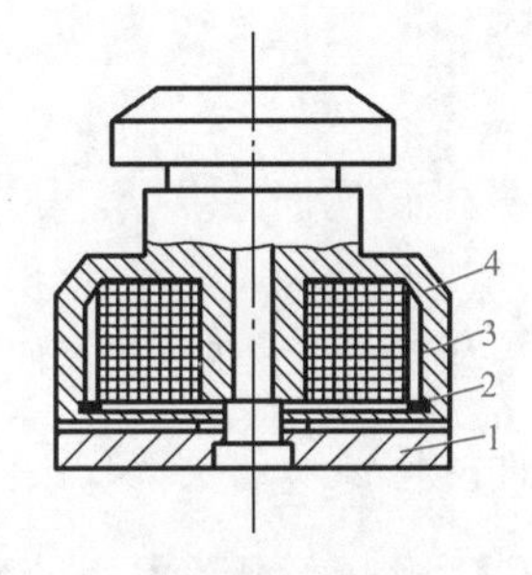

(c)磁吸附式

1—电磁吸盘；2—防尘盖；3—线圈；4—外壳体

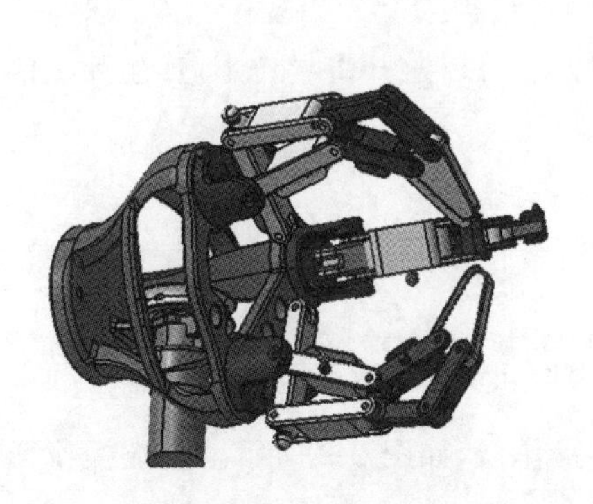

(d)勾托式

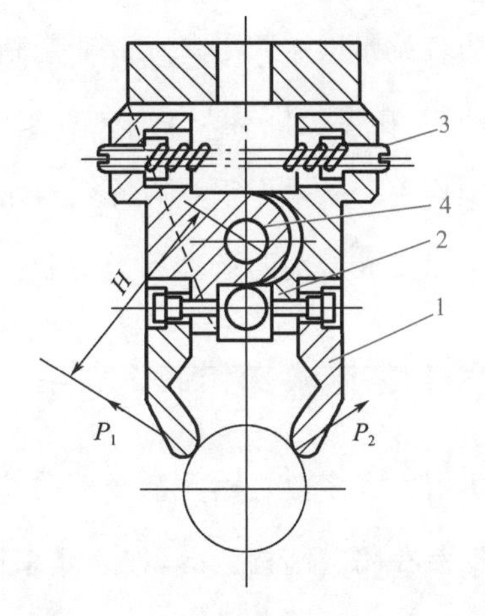

(e)弹簧式

1—手指；2—手指关节；3—调整螺钉；4—连接销

图 2-1　工业机器人手爪的类型

夹钳式手爪通常只有一个动作(单自由度)——开合，夹钳式手爪的开合需要驱动机构来控制，驱动机构可以是机械式、气动式、液压式、电驱动式等，采用方式比较灵活，可根据所需驱动力(力矩)和精度要求来进行选择。

2. 气吸附式手爪

如图 2-1(b)所示，气吸附式手爪利用流体力学原理工作，其橡胶吸盘腔内气压高于出口气压，腔内气体被气流带走形成负压，吸附工件，当需要释放工件时切断气源即可。这种手爪对具有平面结构和轻质非金属材料的工件具有优势，并且成本较低；但是需要气泵等气动元件，而且气体容易泄漏，因此适用于薄板、轻量、体积小的工件抓取场合。

3. 磁吸附式手爪

如图 2-1(c)所示，磁吸附式手爪主要是通过电磁力来进行抓取、搬运工件的，因此工件材料必须是铁、镍、钴等金属材料，但是对某些不允许有剩磁的工件禁止使用，并且电磁吸附必须要考虑到进行断电保护。

4. 微操作手

有些场合需要机器人手臂完成非常精细的动作，在模块一中提到的冗余自由度可以避开障碍物，在传统机器人手臂末端安装具有快速、精确运动的末端操作器，这样就构成了微操作手。微操作手具有冗余自由度的特点，可以避开奇异位形(产生死点的位形)，因此可以完成微细的运动和力控制。

5. 并联结构末端操作器

工业机器人大多数是六关节或六关节以上串联机器人，是开链结构。有一种末端操作器是安装在闭链结构上的，即并联结构末端操作器，如图 2-2 所示。末端操作器用三个两端带有回转自由度球铰的驱动杆(气杆)与基座相连。由此可以看出并联结构末端操作器可以提高机构刚度，但是会减小运动范围，缩小作业空间。

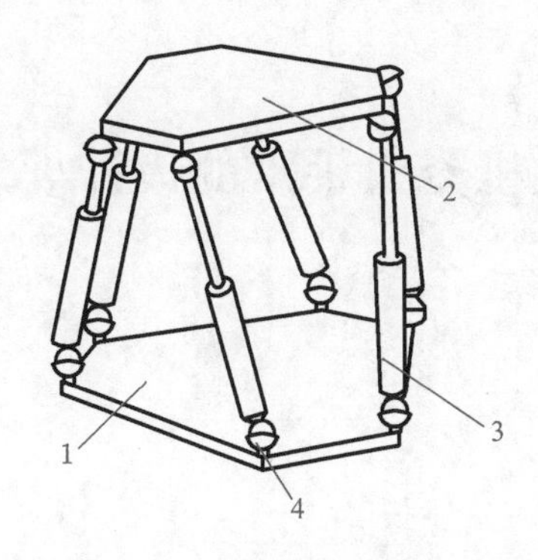

图 2-2　并联结构末端操作器

1—基座；2—工作台；3—气杆；4—球铰

6. 其他末端操作器

上述手爪有其局限性，无法做到对复杂形状、不同材质的工件的夹持和操作。在工业生产中有时需要机器人手爪像人手一样灵活，能够从事复杂的工作，如装配、维修、精度较高的加工等，仿生多指机器人手爪可以做到。

除上述类人手爪以外，还有其他种类的末端操作器，即与手腕直接相连的专业操作工具，如喷枪、焊具等，如图 2-3 所示。

(a) 喷涂机器人

工业机器人手爪工作过程

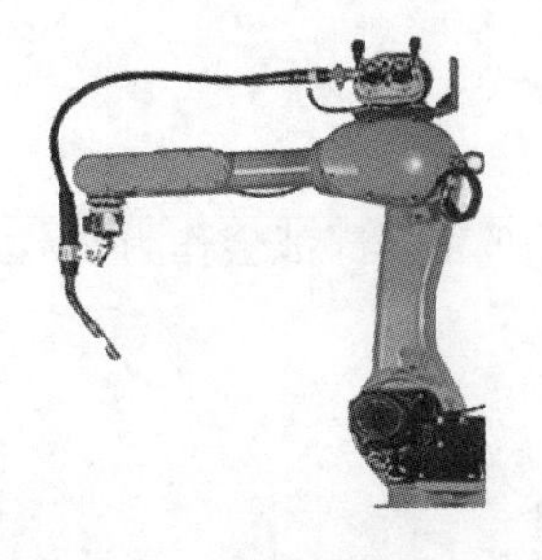

(b) 焊接机器人

图 2-3　其他末端操作器

单元二 工业机器人手爪的设计要求及设计步骤

一、设计要求

1. 刚度原则

工业机器人手爪的设计要求

手爪零部件需设计合理，尺寸满足设计要求，合理分配作用在手爪各部分的力和力矩，避免附加应力存在。

2. 最小运动惯量原则

在满足强度和刚度的前提下，运动部件应尽量小型、轻量化，采用最小运动惯量原则设计，提高手爪运动的平稳性和动力学特性。

3. 尺寸优化原则

设计的手爪不仅要满足工作空间要求，还应力求结构紧凑，提高手爪的刚度和强度。

4. 工艺性原则

手爪的加工和装配等方面应满足一定的工艺要求。

5. 材料选用原则

手爪运行时，其手部、腕部、臂部和腰部都会作为负载来运动，因此各部分结构应尽量选取轻便、经济的材料。

6. 可靠性原则

在手爪能够稳定工作之前，首先应保证手爪各部件的可靠运行，即保证系统的可靠性。

从上述原则可以看出，手爪的设计在满足作业所需的负荷、速度、精度等要求的前

提下，应结构紧凑，适应空间工作的所需姿态，同时还应有一定的运动灵活性、平稳性和自由度，保证手爪能够顺利完成相关工作任务。

二、设计步骤

手爪设计流程如图 2-4 所示。

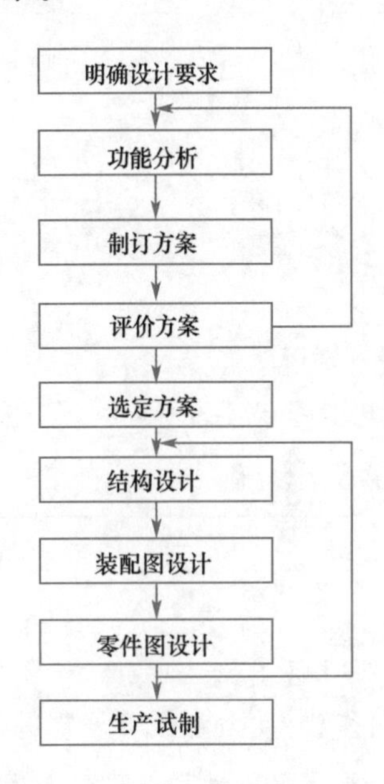

图 2-4　手爪设计流程

(1)首先要明确设计要求。在此阶段要进行前期调研及计划。

(2)功能分析包括运动参数、动力参数、现有工业机器人型号参数和其他性能指标。

(3)根据功能分析及要求制订方案。

(4)对方案进行评价，如果未达到重要设计要求，则重新进行功能分析，制订方案。

(5)经过优选，选定最佳方案。

(6)结构设计。制订设计任务书，包括手爪功能要求、经济性指标、制造要求、使用维护要求、制订试制计划。

(7)装配图、零件图设计。

(8)生产试制，修改设计参数，直至产品满足要求。

手爪设计具体要求见表 2-1。设计任务书是设计规划阶段的重要成果，也是进行方案论证、优化设计的依据，因此设计任务书要具有可行性、科学性、合理性、经济性和时效性。

表 2-1 工业机器人手爪设计任务书

项目	内容
功能	运动参数:坐标形式、运动空间、速度、加速度等 动力参数:作用力(力矩)、载荷性质等 其他性能:寿命、可靠度、精度等
经济性	外形尺寸、质量、体积、成本
制造	材料要求 加工检验条件 装配要求
使用	使用对象 维护:调整、修理、配换等 人机环境:安全要求、操控要求、环境要求
期限	设计完成日期、研制完成日期

三、参数选择及设计计算

设计任务书的内容,如运动参数、动力参数等需要进行科学、合理的运算,只有在确定各种参数后,才能使设计方案具有可行性和合理性。因此参数运算是关键环节之一。

1. 自由度

机器人手爪的自由度不同于机器人自由度,机器人自由度是指确定机器人手部在空间的位置和姿态时所需要的独立运动参数的数目(不包括手部开合自由度);手爪自由度是指要完成所需的整个作业动作,在机身及手臂自由度已定的前提下,手爪需要独立运动的数目。

(1)手爪自由度选择要求

①应先确定机器人自由度的数目,并应与所完成的工作任务相匹配,其数目决定了机器人的控制方式及工作范围。

②机器人手爪的自由度不能单独选择,必须和整个机器人的自由度一起考虑。

③在设计手爪时,需考虑手臂安装手爪之后的工作范围是否符合要求,以及采用的自由度类型和自由度数目。一般手爪自由度小于 3 个。

(2)自由度类型

按照自由度数目,手爪可分为无单独自由度手爪、单自由度手爪、二/三自由度手爪和三自由度手爪。

①无单独自由度手爪

与手腕部固连,其运动完全靠机器人其他关节的运动。

②单自由度手爪

单自由度手爪包括单旋转手爪[图 2-5(a)]、单弯曲手爪[图 2-5(b)]、单伸缩手爪[图 2-5(c)]。

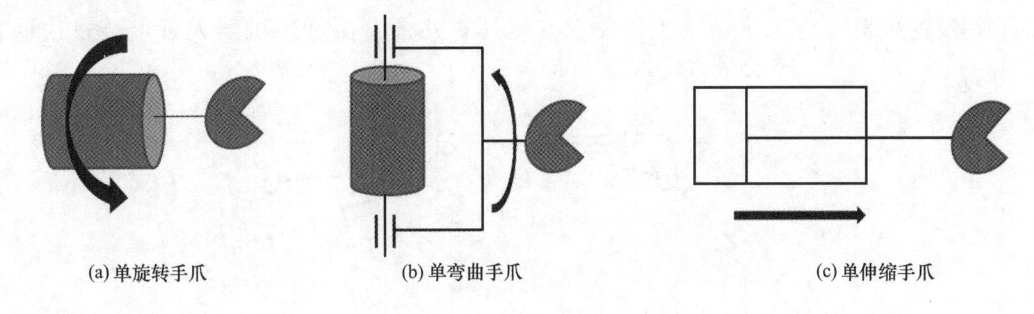

图 2-5　单自由度手爪

单旋转手爪与机器人手臂轴线同轴,可以绕轴线进行 360°旋转,具有一个绕轴线旋转自由度;单弯曲手爪轴线与前、后连接件轴线垂直,所以活动受限,只能做一定角度的弯曲,具有一个绕关节垂直轴线方向旋转自由度;单伸缩手爪只有一个沿轴线伸缩的直线动作,所以只有一个沿轴线的移动自由度。一个自由度手爪的运动范围是一条直线或一条曲线。

③二/三自由度手爪

将图 2-5 所示三种单自由度关节中的任意两种组合就成为二/三自由度手爪。但需注意的是,若将两个图 2-5(a)所示的关节或者两个图 2-5(c)所示的关节相连,则会使其中一个自由度退化,因此这种关节就只有一个自由度,如图 2-6 所示。二自由度手爪的工作范围是面区域,两个不在一条直线上的直线运动构成平面,一个直线运动和一个旋转运动构成圆柱面。

二自由度机器人手爪

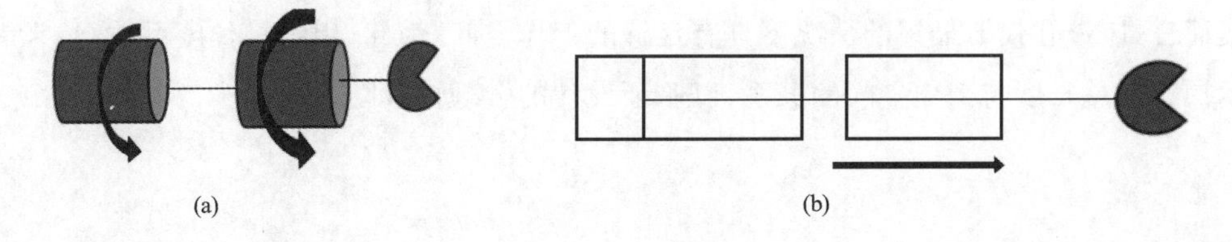

图 2-6　自由度退化

④三自由度手爪

如果一个直线运动、两个旋转运动，则构成圆柱体工作范围；如果三个旋转运动，则构成球体工作范围。

(3)冗余自由度

当机器人的自由度多于为完成任务所需要的自由度时，多余的自由度称为冗余自由度。如图 2-7 所示为七自由度关节坐标型机器人手臂。理论上，具有六个自由度的机器人就可以在空间达到任意位置和姿态，但由于奇异位形的存在，一些关节运动到相应位置，自由度退化，会失去一个或几个自由度；还存在工作空间的障碍，所以具有六个自由度的机器人也无法满足工作要求。而具有冗余自由度的机器人可以绕过这些障碍。

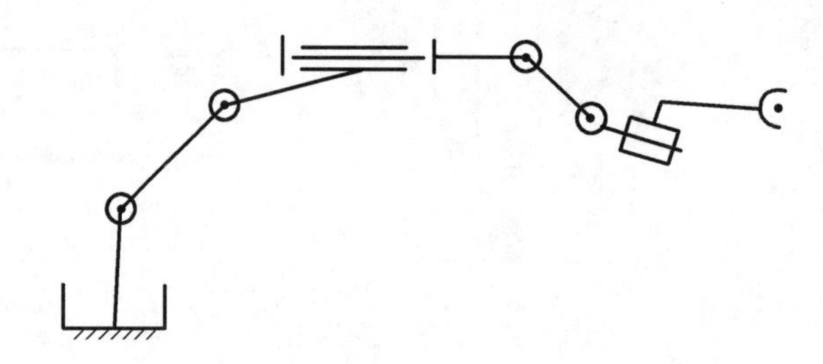

图 2-7　七自由度关节坐标型机器人手臂

2. 操作臂长度

当机器人具有相同工作空间时，制作具有直线自由度的直角坐标型机器人比关节坐标型机器人的体积更大，但是控制简单，因此需要计算操作臂总长度。操作臂总长度 L 的计算公式为

$$L = \sum_{i=1}^{N} (a_{i-1} + d_i) \tag{2-1}$$

式中　a_{i-1}—— 连杆长度；

d_i—— 关节偏移量。

根据操作臂总长度可以粗略计算整个运动链的长度。对于一个好的机器人设计方案而言，应该在使 L 最短的情况下具有足够的工作空间。为此，用结构长度系数 Q_L 来表示操作臂总长度与工作空间的关系，以验证设计的合理性，即

$$Q_L = \frac{L}{\sqrt[3]{\omega}} \tag{2-2}$$

式中　Q_L—— 结构长度系数；

ω—— 工作空间的体积。

Q_L 表示由不同结构形式的操作臂对于其工作空间体积的相对值，其值越小越好。对于直角坐标型手臂，当三个关节行程相同时，Q_L 最小，最小值为 3.0；对于理想关节型手臂 $Q_L=\frac{1}{\sqrt[3]{4\pi/3}}=0.62$，因此，关节坐标型手臂在操作空间内干涉最小。在实际手臂结构中，由于关节有一定限制，因此其实际工作空间要小一些，设计时要加以考虑。

3. 作业空间

如模块一单元二所述，机器人手臂类型分为直角坐标型、圆柱坐标型、球坐标型和关节坐标型。假设每种手臂都是由三根等长度为 l 的杆件构成的，则其作业空间见表 2-2。

表 2-2 各类型手臂作业空间

手爪类型	作业空间体积 V	手爪自由度
直角坐标型	l^3	一个移动自由度
圆柱坐标型	πl^3	一个移动自由度
球坐标型	$4\pi l^3/3$	一个回转自由度
关节坐标型	$36\pi l^3$	两个回转自由度

操作臂设计要求具有良好条件的作业空间，在奇异点（死点）位置，操作臂会失去一个或多个自由度，在该位置任务将无法完成。因此，如何使操作臂规避奇异点是设计者必须要考虑的问题。奇异位形大致分为以下两类：

(1) 作业空间边界的奇异位形

通常出现在操作臂完全展开或者收回使得手爪处于或非常接近工作空间边界的情况。图 2-8(a) 所示为当 θ 等于 0° 或 180°（关节有限位）时出现奇异位形。

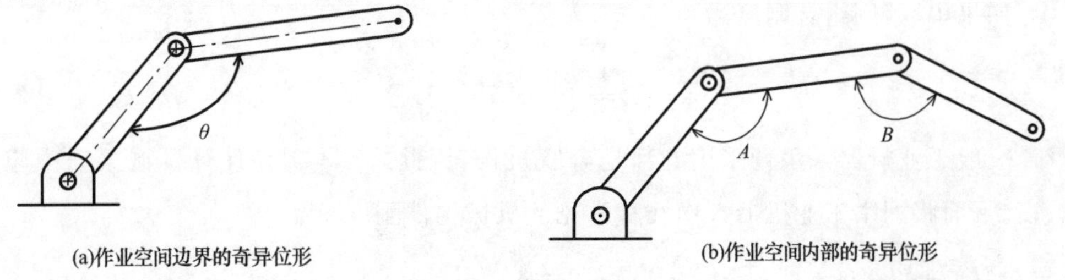

图 2-8 作业空间的奇异位形

(2) 作业空间内部的奇异位形

总是远离作业空间的边界，通常是由于两个或两个以上关节轴线共线引起的。图 2-8(b) 所示为当 A、B 同时为 0° 时出现奇异位形。

最常见的手腕一般由两个或三个正交的旋转关节组成，手腕的第一个关节通常是整个机器人手臂的第四个关节。在假设没有关节角度限制的前提下，三个正交轴可以确保机器人手臂到达任意方向，在实际中很难制作出三轴正交且关节角度不受限制的手腕。如果设计的手腕和手爪不能正交，如图 2-9(a) 所示，手爪在轴线 X 方向上是奇异位形，无法到达所需位置，但把手腕安装在操作臂的第三个连杆上，则可以到达这个区域。在一般情况下为了使手爪能够达到任何姿态，设计时应尽量使工具对称轴与手腕的轴线正交，如图 2-9(b) 所示。

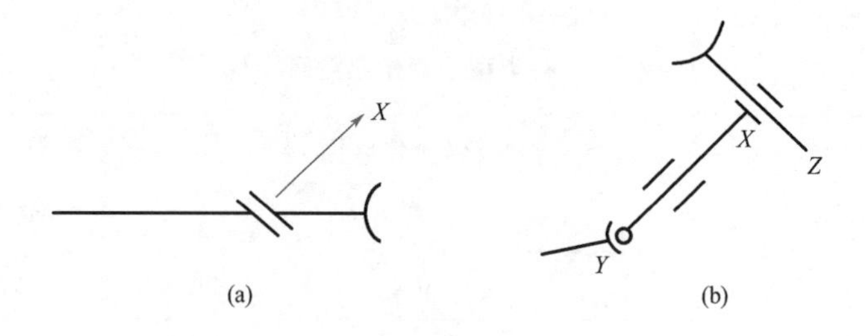

图 2-9　手爪和手腕关节的布置

4. 手爪刚度

手爪刚度不足时会影响控制的准确性，机器人也会发生振动甚至破坏，因此需校核手爪刚度。

直角坐标型机器人手爪[图 2-10(b)] 刚度校核：

由机械振动理论可知，两个刚度为 K_1、K_2 的并联柔性原件的组合刚度为

$$K_p = K_1 + K_2 \tag{2-3}$$

如果串联，则组合刚度为

$$\frac{1}{K_s} = \frac{1}{K_1} + \frac{1}{K_2} \tag{2-4}$$

一般工业机器人手臂采用的都是串联机构，因此式(2-4) 在计算机械振动中应用较多。下面将列举工业机器人中几种常见的机械构件刚度。

(1) 轴的刚度

轴是传递旋转运动的常见方式，其圆截面的扭转刚度为

$$K = \frac{G\pi d^4}{32l} \tag{2-5}$$

式中　d—— 轴颈；

l—— 轴长；

G—— 剪切模量，钢的剪切模量为 $8.0 \times 10^{10}\,\mathrm{N/m^2}$，铝的剪切模量为 $2.7 \times 10^{10}\,\mathrm{N/m^2}$。

(2) 齿轮的刚度

尽管齿轮的刚度较大，但仍会在驱动系统中引入一定柔性。假设输入齿轮固定，估算输出齿轮的刚度 K 为

$$K = C_g b r^2 \tag{2-6}$$

式中　b—— 齿宽；

r—— 输出齿轮半径；

C_g—— 抗剪模量，钢材为 $1.34 \times 10^{10}\,\mathrm{N/m^2}$。

齿轮传动通过传动效率改变驱动系统的有效刚度，如果减速前的传动系统刚度为 K_1，则

$$\tau_1 = K_1 \delta\theta_1 \tag{2-7}$$

如果减速后输出端的刚度为 K_2，则

$$\tau_2 = K_2\,\delta\theta_2 \tag{2-8}$$

$$K_2 = \frac{\tau_2}{\delta\theta_2} = \frac{iK_1\delta\theta_1}{(1/i)\delta\theta_1} = i^2 K_1 \tag{2-9}$$

因此齿轮减速会增大刚度 i^2 倍。

τ_1、τ_2—— 输入、输出扭矩；

θ_1—— 输入齿轮产生的角位移；

θ_2—— 假定输入齿轮不动，输出齿轮所能产生的最大角位移；

i—— 齿轮传动比。

(3) 皮带的刚度

在皮带传动中，其刚度为

$$K = \frac{AE}{l} \tag{2-10}$$

式中　A—— 皮带横截面积；

E—— 皮带弹性模量；

l—— 皮带长度。

(4) 连杆刚度

为了对连杆的刚度进行近似处理，这里把单杆视为悬臂梁，计算端部刚度，如图 2-10 所示。

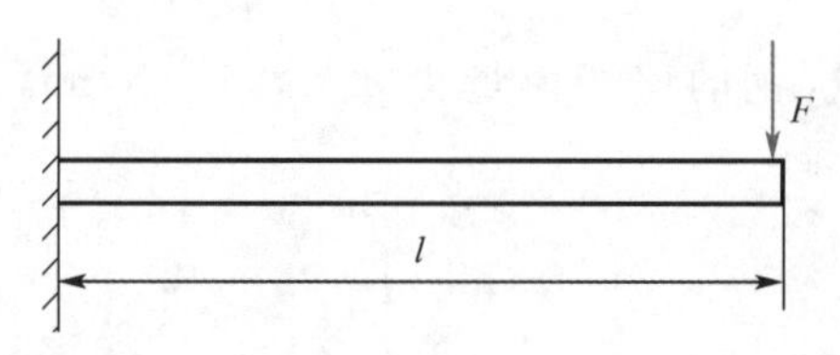

图 2-10　悬臂梁模型

对于圆截面横梁，其刚度为

$$K = \frac{3\pi E d^4}{64^3} \tag{2-11}$$

式中　E—— 弹性模量；

d—— 圆截面直径，若横梁为中空，则 $d^4 = d_1^4 - d_2^4$。

对于方截面横梁，其刚度为

$$K = \frac{E t^4}{4 l^3} \tag{2-12}$$

式中　t—— 方梁厚度，若方梁为中空，$t = (t_1 - t_2)/2$；

l—— 杆长。

当设计的手爪过长，夹持物体较重时，需要进行刚度校核，以确定手爪坐标位置以及其弹性变形是否符合要求。为了增强手爪刚度，应避免设计太长的杆件，如果必须加长要考虑设置加强杆件。

5. 负载能力

机械手臂的负载能力与结构尺寸、传动系统和驱动装置有关。加载到驱动装置的负载和前端手爪结构与由于惯性和速度产生的动力载荷有关。

(1) 手爪静力分析

手爪夹紧力的大小与夹紧机构的形式、夹紧方位以及工件形状有关。因而需研究夹紧机构处于什么方位时，夹紧工件所需要的驱动力最小，这个最小的夹紧力称为当量夹紧力。当量夹紧力就是使工件处于水平位置时的最小驱动力，具体在模块三详述。

无论是夹钳式手爪还是吸附式手爪，其夹紧力若大于或等于抓取重物的重量，则单纯从夹紧重物的目的来计算夹紧力并不能满足要求。机器人工作时，通过各关节的驱动装置提供关节力和力矩，再通过连杆传递到手爪部分来平衡外界的作用力和力矩，因此在已有机器人本体情况下设计其手爪抓取重量就会受到限制。

假设已知外界环境对机器人手爪的作用力和力矩（根据抓取重量和手爪方位，依据力和力矩平衡公式可计算出来），那么从末端手爪递推就可计算出要抓取的重物是否适合采用某种机器人本体。为此需要运用虚位移原理，建立雅可比矩阵进行计算，为了方便高职学生阅读，本书采用简化计算，内容如下：

如图 2-11 所示，以两杆件的工业机器人手臂为例（三杆及以上以此类推），设工业机器人手爪所受外力为 F，F 可分解为沿水平方向分力 F_x 和沿竖直方向分力 F_y，大臂长度为 l_1，小臂长度为 l_2 关节驱动力矩分别为 τ_1、τ_2，则有

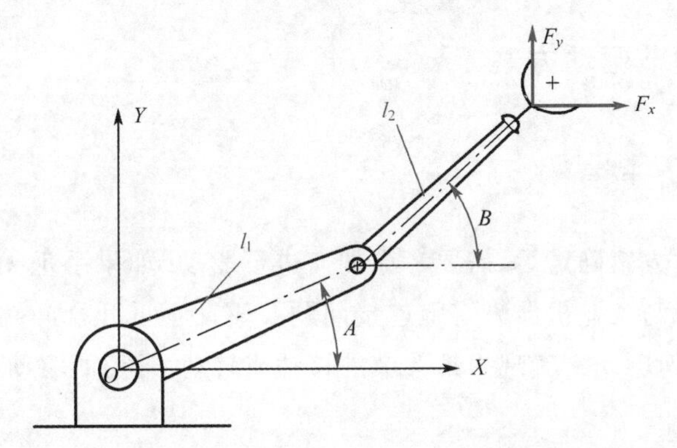

图 2-11　工业机器人手臂受力分析

$$\tau_1 = -(l_1 \sin A + l_2 \sin B)F_x + (l_1 \cos A + l_2 \cos B)F_y \tag{2-13}$$

$$\tau_2 = -l_2 \sin A \cdot F_x + l_2 \cos B \cdot F_y \tag{2-14}$$

(2) 手爪动力学分析

根据牛顿 - 欧拉公式，作用在手爪质心上的惯性力 F_i 和力矩 M_i 为

$$F_i = m\dot{v} \tag{2-15}$$

$$M_i = J\dot{\omega}_l + J\omega_i^2 \tag{2-16}$$

式中　$\dot{v}$—— 手爪质心的加速度，m/s^2；

J—— 转动惯量，$kg \cdot m^2$；

$\dot{\omega}_l$— 手爪角加速度，rad/s^2；

ω_i— 手爪角速度，rad/s。

其中转动惯量由于参与回转的零件形状、尺寸、重量不同，因此计算比较复杂，为了简化计算，可以将形状复杂的零件简化，分别计算，然后将各值相加，即复杂零件对回转轴的转动惯量。如果手臂回转轴与重心不重合，则转动惯量 $J_0 = J_C + \frac{G}{g}\rho^2$，其中，$J_C$ 为

回转件对过重心轴线的转动惯量，G 为剪切模量，g 为重力加速度，ρ 为回转件的重心到回转轴的距离。

计算出手爪质心的作用力和力矩后，就可以根据空间力系平衡条件计算出施加在关节上的力和力矩。

$$\sum F_x = 0, \sum F_y = 0, \sum F_z = 0 \tag{2-17}$$

$$\sum M_x(F) = 0, \sum M_y(F) = 0, \sum M_z(F) = 0 \tag{2-18}$$

式中　F_x, F_y, F_z—— 施加在整个手爪上的合力向手爪坐标系各投影轴的投影分力；

M_x, M_y, M_z—— 合力相对各坐标轴的力矩。

反之，如果已知手爪的作用力，也可计算其角速度和角加速度。

四、手爪关节驱动方案

1. 驱动方式的选择

手爪的运动学方案确定后，需要考虑如何进行驱动。如果手爪无自由度（与手腕固连），则只需要考虑与工业机器人手腕连接问题及驱动手爪开合问题。如果手爪需要自由度，则要考虑如何驱动来实现手爪关节的移动或转动。常用的驱动方式有两种：

(1) 直接驱动

驱动器直接与关节（或手爪）相连，驱动关节运动，如图 2-12(a) 所示。这种驱动方式结构简单，控制方便，并且由于没有中间传动或减速机构，可实现较高精度控制。这种驱动方式适合于精度要求较高、负载不大、功率较小的场合，尤其是微操作手。

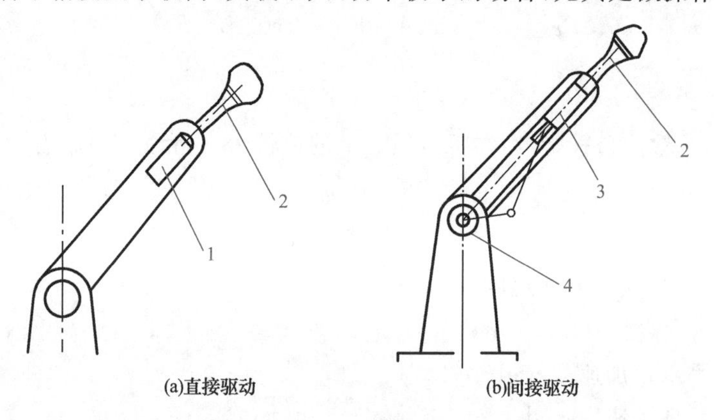

图 2-12　驱动方式

1—直驱电动机；2—推杆；3—减速机构；4—驱动器

(2) 间接驱动

间接驱动的驱动器不直接与关节相连，中间有减速机构或者其他传动机构。由于驱动器转速高、扭矩大，因此需安装减速机构。但是如果把减速机构安装在关节上，会使机器人手臂刚度减小，运动和力控制出现误差，甚至会出现破坏。因此当驱动器输出扭矩较大时，需要安装减速机构，驱动器只能远离需要驱动的关节，而关节与减速机构或者传动机构相连，来实现运动和力的传递和转换。驱动器放在承载能力较好的位置上，如基座或者刚度较大的大臂上，如图 2-12(b) 所示，驱动器安装在大臂关节位置，通过四杆传动至减速器(阻尼) 驱动手爪开合。间接驱动虽然解决了增大扭矩和减小速度，未增大手爪部位惯性的问题，但是增加了结构的复杂性，并且引入了摩擦和刚度问题。因此在计算力和速度时需要加以考虑。

2. 驱动器的选择

在机器人中，驱动器的种类有很多。

(1) 按照驱动介质分，驱动器分为液压驱动器、气压驱动器、电动驱动器和其他仿生驱动器，见表 2-3。

表 2-3　　驱动器优、缺点

类型	优点	缺点
液压驱动器	(1) 液压容易达到较大的单位面积压力，可以获得较大的推力和转矩。 (2) 液压介质可压缩性小，系统工作较平稳、可靠，可得到较高的位置精度。 (3) 力、速度和方向易实现自动控制。 (4) 油液介质具有防锈、自润滑特性，可以提高机械效率	(1) 油液黏度随温度变化，会出现泄漏，影响系统工作性能，油温过高还可能出现危险。 (2) 泄漏难以克服，为减少泄漏，对液压元器件质量精度要求较高，因而液压元器件造价高。 (3) 需要供油系统和滤油装置，出现故障难以诊断排除
气压驱动器	(1) 压缩空气黏度较小，易达到高速。 (2) 除了空压机外，不需要其他动力设备，介质无污染。 (3) 气动元件工作压力小，相较液压元件制造精度低，成本也较低。 (4) 空气可压缩，可实现过载保护。	(1) 空气压缩性大，速度难以控制，且噪声大。 (2) 常用空气压力为 0.4 ～ 0.6 MPa，如果想获得较大动力，结构就要增大。 (3) 气体需要除水，否则易导致零件生锈。 (4) 由于气体的可压缩性以及密封造成的高摩擦，使得气压驱动器很难实现精确控制

续表

类型	优点	缺点
电动驱动器	(1) 机构速度可以变化，速度位置控制精确。 (2) 使用方便，噪声小。 (3) 电机种类多，选用灵活。 (4) 应用较广	多数情况下需要机械减速或者传动机构
其他仿生驱动器（人工肌肉、形状记忆合金）	(1) 控制精度高。 (2) 响应速度快。 (3) 位移变化较大。 (4) 功率重量比高。 (5) 变位迅速。 (6) 方向自由。 (7) 特别适用于小负载高速度、高精度的工业机器人装配作业	(1) 依赖材料特性。 (2) 造价高。 (3) 新技术适用面有待发展

(2) 按照驱动器动作方向分，驱动器可分为直线驱动器和旋转驱动器。根据驱动方案中工业机器人手爪动作采取不同运动方向的驱动器及其分类，见表 2-4。

表 2-4　　驱动器类型

驱动方式	驱动器类型	名称					
直接驱动	直线驱动器	液(气) 压缸	电动缸	人工肌肉	磁致伸缩驱动器	压电驱动器	形状记忆合金
	旋转驱动器	步进电动机	伺服电动机	摆动液(气)压缸	电液伺服驱动系统		
间接驱动	驱动器加传动装置						

①直线驱动器

● 液(气) 压缸

在各类驱动器中，液(气) 压缸是较早用于操作臂驱动的，能直接把液(气) 压转变为机械能，做直线往复运动，结构相对紧凑，能产生足够的力来驱动关节而不需要减速机构，通过调节进入液(气) 压缸的液压油(气体) 的流动方向和流量，可以控制运动方向、工作速度等参数，如图 2-13 所示。但是液压系统往往需要很多附属设备，如泵、储能器、管路和伺服阀等。液压系统不便于维护和维修，在某些场合使用受到限制。

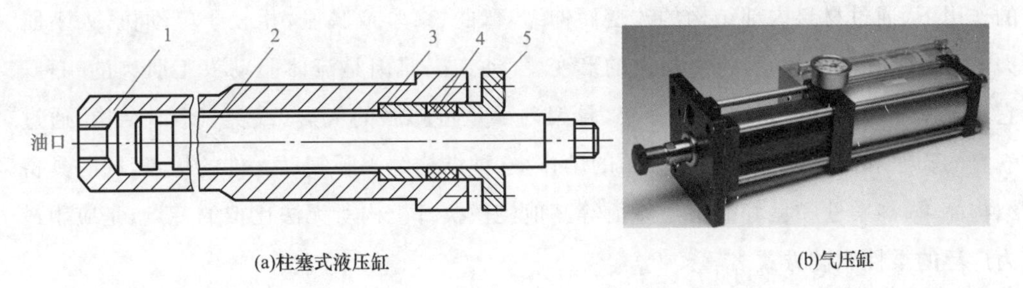

图 2-13　液（气）压缸

1— 缸筒；2— 柱塞；3— 导向套；4— 密封圈；5— 压盖

● 电动缸

电动缸是以电力作为直接动力源，采用各种类型的电动机（如 AC 伺服电动机、步进伺服电动机、DC 伺服电动机）带动不同形式的丝杠（或螺母）旋转，并通过构件间的螺旋运动转化为丝杠（或螺母）的直线运动，再由丝杠（或螺母）带动缸筒或负载做往复直线运动。

伺服电动机与滚珠丝杠一体化设计方案的模块化产品，具有精准控制转速、转速比、扭矩、位置等参数的特点；电动缸由滚珠丝杠、缸体、电动机和直线位移传感器组成，如图 2-14(a) 所示，伺服电动机驱动滚珠丝杠，把电动机的旋转运动转变成直线运动；图 2-14(b) 所示为电动缸在工业机器人手臂上的应用；图 2-14(c) 所示为电动缸在工业机器人手臂上应用案例示意图，从中可看出，在电动缸推动下，工业机器人手爪可以实现俯仰动作。

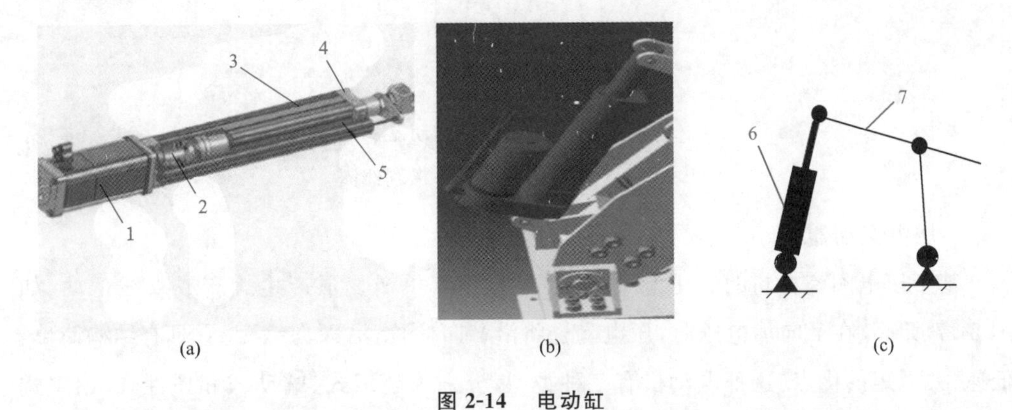

图 2-14　电动缸

1—伺服电动机；2—滚珠丝杠；3—缸体；4—前端盖；5—直线位移传感器；
6—电动缸；7—工业机器人手爪

● 人工肌肉

人工肌肉（图 2-15）包括所有非电动机驱动的驱动器，它能够在外加电场或者气压的作用下，通过材料内部结构的改变而伸缩、弯曲、束紧或膨胀，相较于电动机，人工肌肉的最大特征是柔软，可产生极大的形变。气动人工肌肉是流体驱动人工肌肉的一种，它用限制变形的支撑材料作为骨架，骨架内部是可膨胀的气囊（或类气囊）结构，通过气囊的膨胀和收缩来执行各种柔顺的动作，这种结构继承了气动元件的优点，同时具备结构简单、高柔性和良好的仿生特征等其他机械执行机构所无法比拟的特点，是应用最为广泛的柔性驱动方式之一。

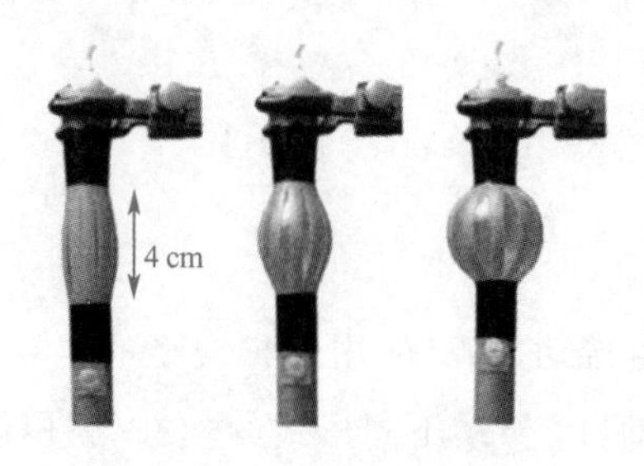

图 2-15　气动人工肌肉

● 磁致伸缩驱动器

由于磁致伸缩材料在磁场作用下，其长度发生变化，可发生位移而做功或在交变磁场作用下可发生反复伸长与缩短，这种材料可将电磁能（或电磁信息）转换成机械能或声能，如图 2-16 所示。目前应用于微机器人领域。

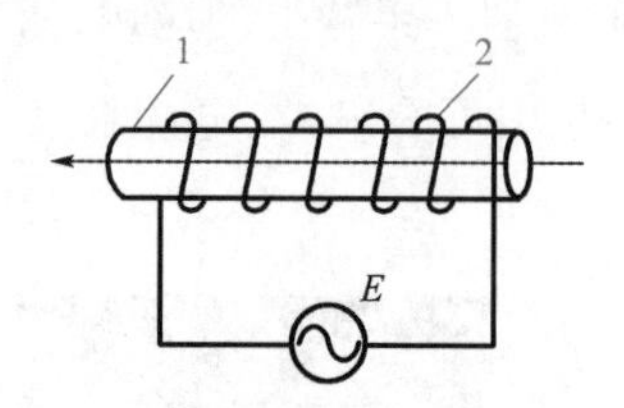

图 2-16　磁致伸缩驱动器

1—稀土超磁致伸缩棒；2—激励线圈

● 压电驱动器

基于压电陶瓷材料的逆压电效应，通过控制其机械变形产生旋转或直线运动，如图 2-17 所示，在 Y 向加电压时，压电陶瓷将沿 Y 向伸长，沿 X 向缩短。它具有结构简单、低速、大力矩的优点。这种电动机有三种类型，分别为超声式、蠕动式和惯性式。超声式是在逆压电效应的基础上，以超声频域的机械振动为驱动技术在电能的控制下通过机械变换产生运动。蠕动式和惯性式主要用于直线运动，特别适用于小负载、高速度、高精度的机器人作业。

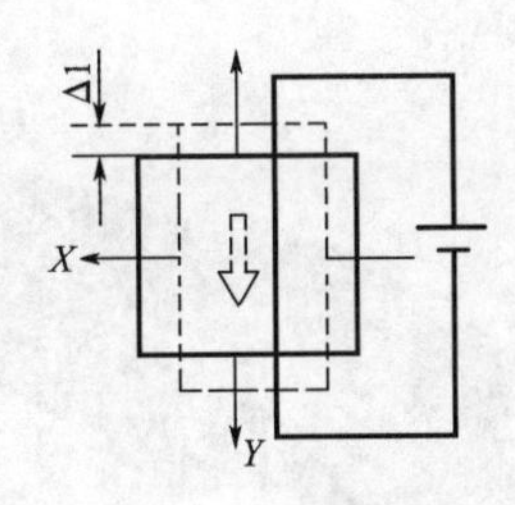

图 2-17　压电陶瓷

● 形状记忆合金

形状记忆合金是一种特殊的合金，如图 2-19 所示。一旦使它记忆了任何形状，即使产生了变形，只要加热到某一适当温度，它就能恢复到变形前的形状。利用这种驱动器的技术即形状记忆合金驱动技术。形状记忆合金有三个特点：变形量大，变位方向自由度大，变位可急剧发生。因此，它具有位移较大、功率重量比大、变位迅速、方向自由的特点。形状记忆合金稳定性差，生产过程也较复杂，虽然有应用前景，但目前仍停留在实验室阶段。

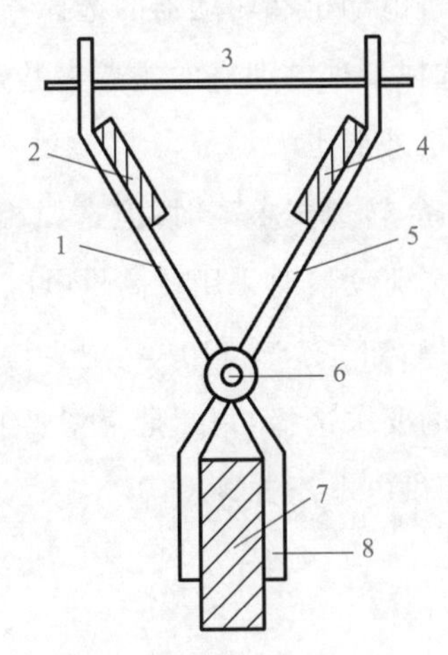

图 2-18　形状记忆合金

1，5—可动挡板（剪刀臂）；2，4—固定挡板；3— NiTi 丝；

6—固定转轴；7—工件；8—剪刀柄

②旋转驱动器

电动机是手爪上最常用的旋转驱动器，电动机类型有很多，如步进电动机、直流伺服电动机、交流伺服电动机等。现代工业机器人主要应用交流伺服电动机。

● 步进电动机(图 2-19)

图 2-19　步进电动机

步进电动机接收数字控制电脉冲信号并转化成与之相对应的角位移或直线位移，是一个完成数字模式转化的执行元件。它可开环位置控制，输入一个脉冲信号就得到一个规定的位置增量。这样的增量位置控制系统与传统的直流控制系统相比，其成本明显降低，几乎不需要进行系统调整。步进电动机的角位移量与输入的脉冲个数成正比，而且在时间上与脉冲同步。因而只要控制脉冲的数量、频率和电动机绕组的相序，即可获得所需的转角、速度和方向。步进电动机和驱动器的选择方法如下：

依据力矩选择：静扭矩是选择步进电动机的主要参数之一。负载大时，需采用大力矩电动机。力矩指标大时，电动机外形也大。

依据电动机的运转速度选择：转速要求高时，应选择相电流较大、电感较小的电动机，以增大功率的输入；且在选择驱动器时采用较高供电电压。

依据电动机的安装规格选择：如 57、86、110 等，主要与力矩要求有关。

依据定位精度和振动方面的要求选择：判断是否需要细分和具体的细分情况。

依据电动机的电流、细分和供电电压选择。

● 伺服电动机(图 2-20)

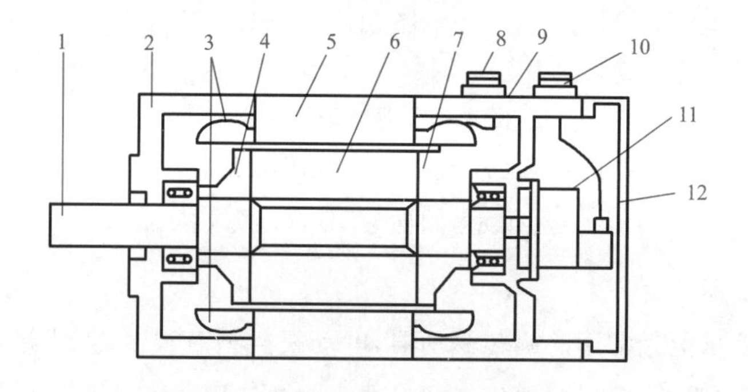

图 2-20　伺服电动机的内部结构

1—电动机轴；2—前端盖；3—三相绕组线圈；4—压板；5—定子；6—磁钢；7—后压板；
8—动力线插头；9—后端盖；10—反馈插头；11—脉冲编码器；12—电动机后盖

伺服电动机主要靠脉冲来定位，伺服电动机接收一个脉冲，就会旋转一个脉冲对应的角度，从而实现位移，因为伺服电动机具备发出脉冲的功能，所以伺服电动机每旋转一个角度，会发出对应数量的脉冲，这样和伺服电动机接收的脉冲形成了呼应，也称为闭环，如此一来，系统就会知道给伺服电动机发出和接收的脉冲个数，这样，就能够精确地控制电动机的转动，从而实现精确的定位，其精度可以达到 0.001 mm。

直流伺服电动机特指直流有刷伺服电动机。其成本高，结构复杂，启动转矩大，调速范围宽，控制容易，需要维护，且维护不方便(需换碳刷)，会产生电磁干扰，对环境有要求。因此它可以用于对成本敏感的普通工业和民用场合。

直流伺服电动机不包括直流无刷伺服电动机。直流无刷伺服电动机体积小，质量小，输出力大，响应速度快，惯量小，转动平滑，力矩稳定，电动机功率不大；易实现智能化，其电子换相方式灵活，可以实现方波换相或正弦波换相。直流伺服电动机免维护，不存在碳刷损耗的情况，效率高，运行温度低，噪声小，电磁辐射很小，寿命长，可用于各种环境；但是造价较高。

直流伺服电动机按电动机惯量大小可分为：小惯量直流伺服电动机，如印刷电路板的自动钻孔机；中惯量直流伺服电动机(宽调速直流电动机)，如数控机床的进给系统；大惯量直流伺服电动机，如数控机床的主轴电动机；特种形式的小惯量直流伺服电动机。

交流伺服电动机的结构主要分为两部分：定子部分和转子部分。其中定子的结构与旋转变压器的定子基本相同，在定子铁芯中安放着互呈 90° 角的两相绕组。其中一组为激磁绕组，另一组为控制绕组，交流伺服电动机是一种两相的交流电动机。

交流伺服电动机无电刷和换向器，因此工作可靠，对维护和保养要求低；定子绕组散热方便；惯量小，易于提高系统的快速性；适用于高速大力矩工作状态。

综上所述，交流伺服电动机在许多性能方面都优于步进电动机。但在一些要求不高的场合也经常用步进电动机来做执行电动机。因此，在控制系统的设计过程中要综合考虑控制要求、成本等多方面因素，选用合适的电动机。

● 摆动液(气)压缸

摆动气压缸是一种在小于 360° 范围内做往复摆动的气压缸。它将压缩空气的压力能转换成机械能，输出力矩使机构实现往复摆动。摆动气压缸按结构特点可分为叶片式和活塞式两种。

叶片式摆动气压缸如图 2-21 所示。单叶片式摆动气压缸由叶片、轴、转子(输出轴)、定子、缸体和前后端盖等组成。定子和缸体固定在一起，叶片和转子连在一起。在定子上有两条气路，当左路进气时，右路排气，压缩空气推动叶片带动转子沿顺时针方向摆动。反之，沿逆时针方向摆动。叶片式摆动气压缸体积小，质量小，但制造精度要求高，密封困难，泄漏较大，而且动密封接触面积大，密封件的摩擦阻力损失较大，输出效率较低，小于 80%。因此，在应用上受到限制，一般只用于安装位置受到限制的场合，如夹具的回转、阀门开闭以及工作台转位等。

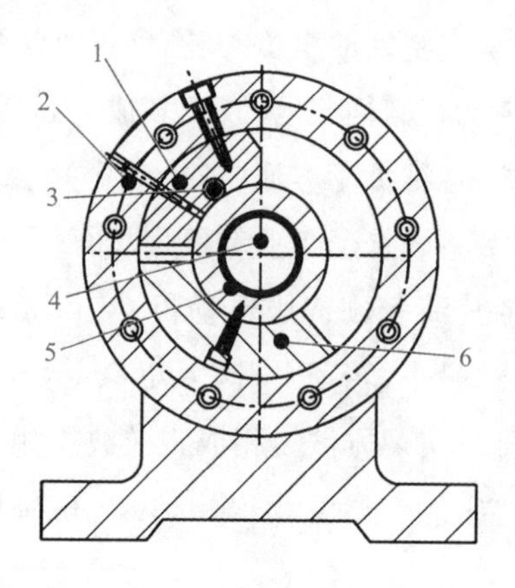

图 2-21　叶片式摆动气压缸

1—定子；2—缸体；3—弹簧；4—轴；5—转子；6—叶片

螺旋摆动液压缸如图 2-22 所示，是利用大螺旋升角的螺旋副实现旋转运动的特殊液压缸，输出轴的螺旋棒与缸体固定，活塞内表面螺旋齿与螺旋棒的螺旋齿啮合，输出轴的螺旋棒表面形状与活塞外表面形状相同。因此，当活塞在转动套内液压力作用下，既沿螺旋棒直线运动，又转动，输出轴的螺旋棒也随之转动。从而摆动运动得以实现。螺旋摆动液压缸具有结构紧凑、安全可靠、占位空间小、易于设计、输出扭矩和摆动角度大等优点。

图 2-22　螺旋摆动液压缸

● 电液伺服驱动系统

电液伺服驱动系统通过电气传动方式，将电气信号输入伺服系统来操纵液压控制元件动作，控制液压执行元件使其跟随输入信号动作。如图 2-23 所示，步进电动机运动，发出脉冲信号，齿轮上安装的电位器就会经过放大器给电液伺服阀一个信号，电液伺服阀芯就会移动，从而给手爪加一个液压驱动力；反向伸出时，步进电动机反向旋转，电位器发出反向信号。

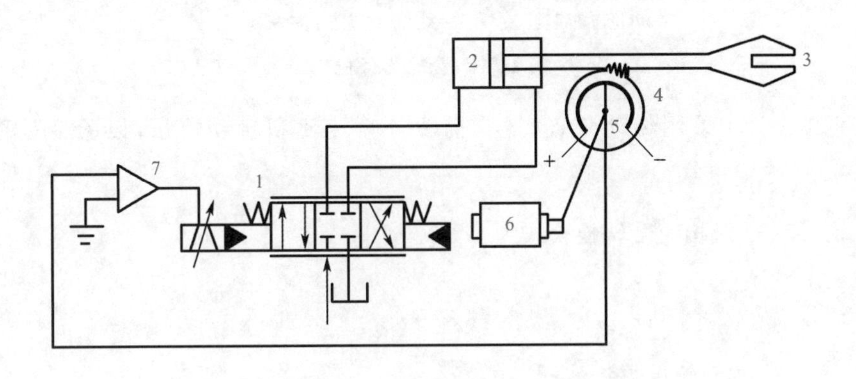

图 2-23　机械手手臂伸缩电液伺服系统原理

1—电液伺服阀；2—液压缸；3—手爪；4—齿轮齿条；5—电位器；

6—步进电动机；7—放大器

这类伺服驱动系统中电液两部分之间采用电液伺服阀作为转换元件。电液伺服驱动系统根据物理量的不同可分为位置控制、速度控制和压力控制。

3. 间接驱动及传动装置

如前所述，间接驱动方式需要传动装置，它的主要作用是实现运动和力的传递和转换。

(1) 齿轮(齿条) 机构

如图 2-24(a) 所示，在齿轮齿条机构驱动下手爪做上、下移动。为了缩小占用空间也可采用不完全齿轮机构，如图 2-24(b) 所示，不完全齿轮机构驱动手爪开合。

(a)齿轮齿条机构

(b)不完全齿轮机构

图 2-24　齿轮齿条机构

在手爪设计中采用传动装置，通常需要计算速比和转动惯量，以验证是否满足要求。

齿轮(齿条)机构速度转换公式为

$$\frac{z_1}{z_2}=\frac{v_2}{v_1} \tag{2-19}$$

式中　z_1—— 主动轮齿数；

z_2—— 从动轮齿数；

v_1—— 主动轮线速度；

v_2—— 从动轮线速度。

角位移转换公式为

$$\frac{z_1}{z_2}=\frac{\omega_2}{\omega_1} \tag{2-20}$$

式中　ω_1—— 主动轮转速；

ω_2—— 从动轮转速。

力矩转换公式为

$$\frac{T_1}{T_2}=\frac{\omega_2}{\omega_1} \tag{2-21}$$

绕定轴转动刚体动力学方程为

$$J=J_1+\left(\frac{z_1}{z_2}\right)^2 J_2 \tag{2-22}$$

由式(2-22)可知，把齿轮机构作为传动(减速)机构，系统的等效转动惯量会减小，从而使驱动电动机的响应时间缩短，使伺服系统更易控制。但是由于齿轮机构的加入，

不可避免地引入齿轮间隙误差，导致手爪定位误差的增大。为此，可以选用无侧隙齿轮机构，如图 2-25 所示，偏心套安装在电动机输出轴上，与主动齿轮相连，通过不同的偏心套尺寸来调节两个相啮合齿轮的中心距，以达到减小侧隙的目的。除此结构外，还可采用双齿轮弹簧结构，与偏心套结构相比更容易调整。

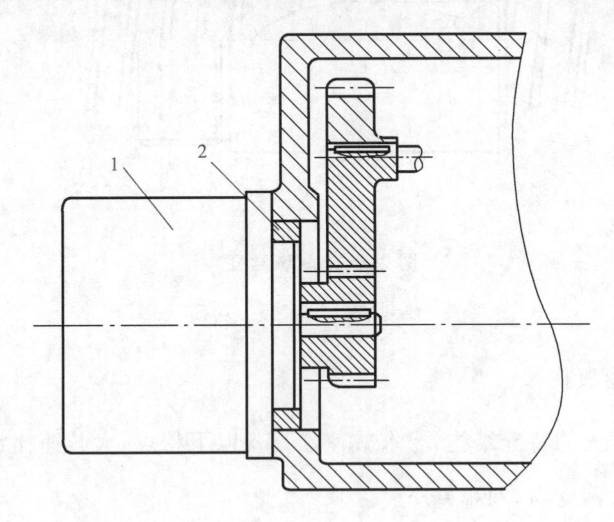

图 2-25　无侧隙齿轮机构

1—电动机；2—偏心套

(2) 同步带机构

同步带传动用于平行轴间的运动传动，也是一种啮合传动，同步带传动的优点是传动比准确，传动平稳，速比范围大，初拉力小，轴与轴承不易过载。这种传动是低惯性传动，适合于电动机和高减速比减速器之间的传动。

(3) 滚珠丝杠机构

滚珠丝杠机构由于摩擦小、运动响应速度快等优点比较广泛地应用于机器人关节驱动中，实现回转运动和直线运动的转换。如图 2-26 所示，如果丝杠受旋转力矩作用产生旋转，则与丝杠相配合的螺母产生直线位移，滚珠丝杠运动转换公式为

$$L = nP \tag{2-23}$$

式中　L—— 螺母单位时间内直线位移，mm；

n—— 丝杠单位时间内转数；

P—— 螺距，mm。

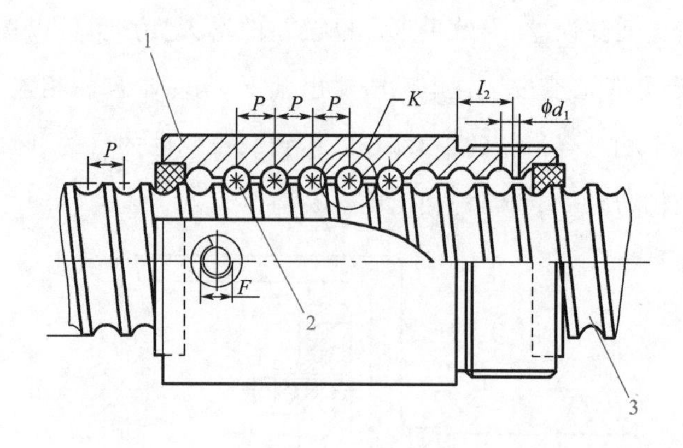

图 2-26　滚珠丝杠

1—螺母；2—滚珠；3—丝杠

(4) 其他减速机构

由于工业机器人的特殊结构，要求减速器具备以下特点：大减速比，最大可达几百；质量小，结构紧凑；精度高，回程差小。

目前在工业机器人中主要使用的减速器是谐波减速器和RV减速器。

①谐波减速器

工业机器人关节有60%～70%使用谐波减速器。谐波减速器由刚性轮、波发生器和柔性轮三个主要零件组成，

谐波减速器图2-27所示的谐波减速器工作时，刚性轮（内齿轮）固定，柔性轮沿刚性轮的内齿转动，柔性轮的齿数比刚性轮的齿数少2个，波发生器是椭圆形，其上装有滚动轴承来支承柔性轮，波发生器驱动柔性轮发生变形，与刚性轮在椭圆上、下端部啮合，柔性轮与刚性轮啮合几个齿，使柔性轮相对于刚性轮自由地转过一定角度。

谐波减速器齿轮传动比 i 的计算公式为

$$i = \frac{z_2 - z_1}{z_2} \tag{2-24}$$

式中　z_1—— 柔性轮齿数；

z_2—— 刚性轮齿数，$z_2 - z_1 = 2$。

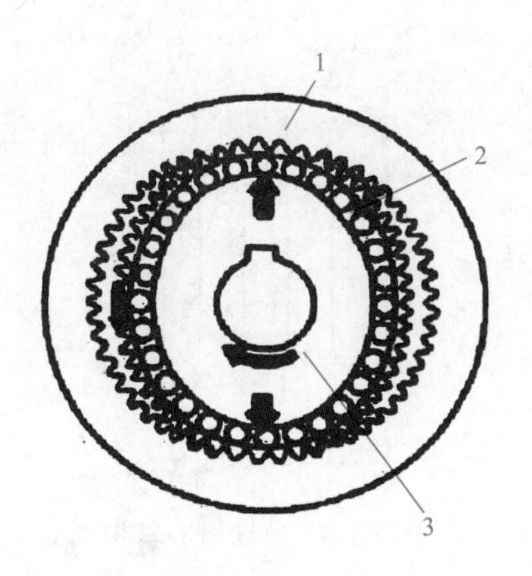

图 2-27　谐波减速器

1—刚性轮；2—柔性轮；3—波发生器

由式(2-24)可以看出，谐波减速器齿轮传动比范围大，单级谐波减速器齿轮传动比为50～300，优选为75～250。

由于同时啮合的齿数较多，力矩传递能力较强，并且啮合较平稳，齿侧隙较小，因此传动精度高，回差小。但是在承载很大的场合，由于柔性轮刚度较差会有扭转变形，并引起一定误差。

在刚性轮、柔性轮、波发生器三个零件中，任意两个零件都可以作为输入、输出元件，但在大多数情况下，刚性轮固定不动，波发生器作为输入轴，柔性轮与输出轴相连。

②RV 减速器

RV 减速器的传动装置由第一级渐开线圆柱齿轮行星减速机构和第二级摆线针轮行星减速机构两部分组成，为封闭差动轮系。图 2-28 所示为其结构。主动的太阳轮（输入齿轮）与输入轴相连，如果渐开线中心轮沿顺时针方向旋转，它将带动三个呈 120° 布置的行星轮在绕中心轮轴心公转的同时还沿逆时针方向自转，三个曲柄轴与行星轮相固连而同速转动，两片相位差 180° 的摆线轮铰接在三个曲柄轴上，并与固定的针轮相啮合，在其轴线绕针轮轴线公转的同时，还将反方向自转，即沿顺时针方向转动。行星架（输出机构）由装在其上的三对曲柄轴支承轴承来推动，把摆线轮上的自转矢量以 1∶1 的速比传递出来。速比公式为

$$i = 1 + (z_2/z_1)z_4 \qquad (2\text{-}25)$$

式中　z_1—— 输入齿轮齿数；

z_2—— 行星轮齿数；

z_4—— 针齿销数。

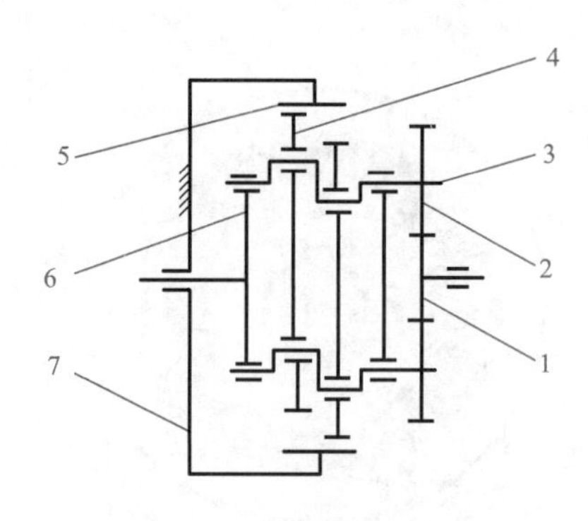

图 2-28　RV 减速器的结构

1—太阳轮；2—行星轮；3—曲柄轴；4—摆线轮；5—内齿轮；

6—行星架；7—壳体

五、感知系统

工业机器人手爪的握力大小以及手爪与工件受力位置正确与否，手爪与其他障碍物的安全距离等信息需要工业机器人进行判断，这些信号的采集需要在手爪部位设置相应的传感器。传感器分为内部传感器和外部传感器，如图 2-29 所示。工业机器人传感器的选用要素包括可靠性、量程、精度、重复精度、分辨率、线性度、灵敏度、输出类型、响应时间、接口、成本及质量等。

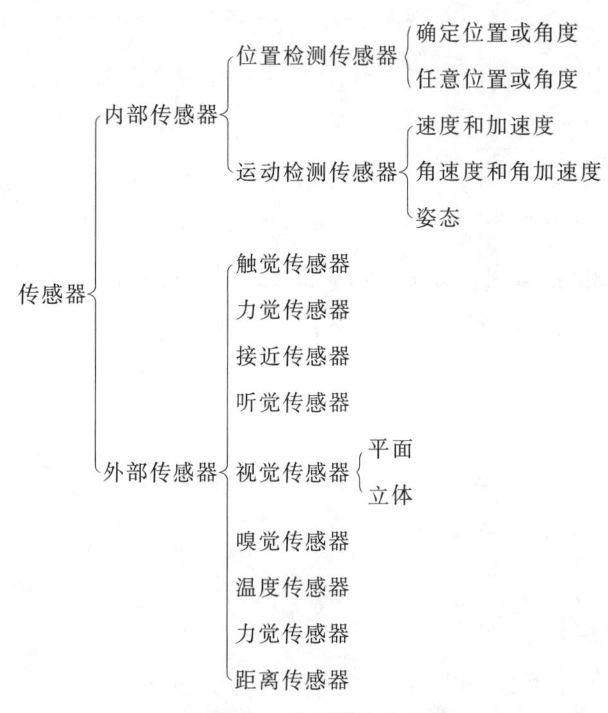

图 2-29　传感器的分类

内部传感器是用于测量工业机器人自身状态的功能元件。具体检测的对象包括关节的线位移、角位移等几何量,速度、加速度、角速度等运动量,倾斜角和振动等物理量。

外部传感器是用来检测工业机器人所处环境及状况的传感器。一般与工业机器人的目标识别和作业安全等因素有关,主要包括触觉传感器、视觉传感器、接近传感器、听觉传感器、力觉传感器和距离传感器等。

1. 内部传感器 —— 位置检测传感器

(1) 光电开关

光电开关如图 2-30 所示,它是由 LED 光源和光电二极管或光电三极管等光敏元件,相隔一定距离而构成的透光式开关。光电开关的特点是非接触检测,精度可达到0.5 mm 左右。

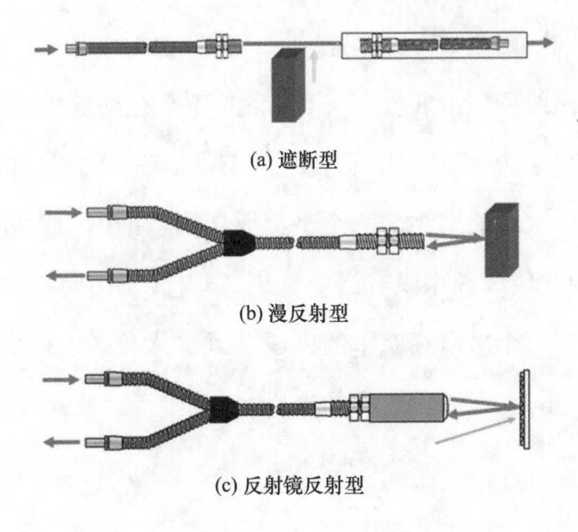
(a) 遮断型

(b) 漫反射型

(c) 反射镜反射型

图 2-30　光电开关

光电开关有漫反射型光电开关、反射镜反射型光电开关、对射型光电开关、槽型光电开关、光纤型光电开关等。

(2) 编码器

编码器可分为光电式、磁场式、感应式和电容式,其中光电编码器最常用。根据其刻度方法及信号输出形式,可分为增量式、绝对式和混合式三种。

光电编码器又分为绝对式和增量式两种类型。其中增量式光电编码器(图 2-31) 具有结构简单、体积小、价格低、精度高、响应速度快、性能稳定等优点,应用更为广泛,特别是在高分辨率和大量程角速率 / 位移测量系统中,增量式光电编码器更具优越性。

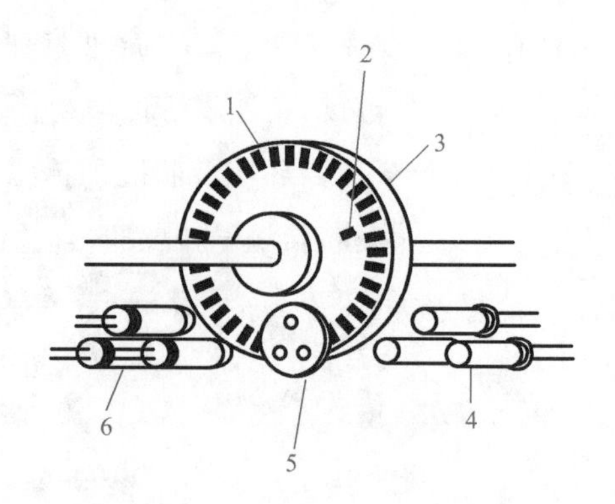

图 2-31　增量式光电编码器

1—A 相、B 相缝隙；2—Z 相信号缝隙；3—主刻度盘；4—发光元件；

5—指示度盘；6—光敏元件

(3) 旋转变压器

旋转变压器由铁芯、两个定子线圈和两个转子线圈组成，是测量旋转角度的传感器。旋转变压器的初级线圈与旋转轴相连，并经滑环通有交变电流(图 2-32)。旋转变压器具有两个次级线圈，相互呈 90°。随着转子的旋转，转子所产生的磁通量随之一起旋转，当初级线圈与两个次级线圈中的一个平行时，该线圈中的感应电压最大，而在另一个垂直于初级线圈的次级线圈中没有感应电压。随着转子的转动，最终第一个次级线圈中的电压达到零，而第二个次级线圈中的电压达到最大值。对于其他角度，两个次级线圈产生与初级线圈夹角正、余弦成正比的电压。

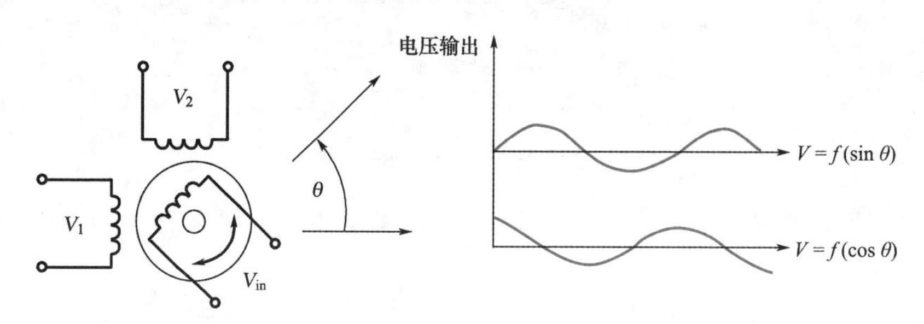

图 2-32　旋转变压器

虽然旋转变压器的输出是模拟量，但却等同于角度的正弦、余弦值，这就避免了以后计算这些值。旋转变压器可靠、稳定且准确 。

2. 外部传感器

(1) 触觉传感器

触觉传感器是用来判断工业机器人是否接触物体的测量传感器。传感器的输出信号常为 0 或 1,最经济适用的形式是微动开关。常用的微动开关由滑柱、弹簧、基板和引线构成,具有性能可靠、成本低、使用方便等特点。

简单的接触式传感器以阵列形式排列组合成触觉传感器,它以特定次序向控制器发送接触和形状信息,如图 2-33 所示。

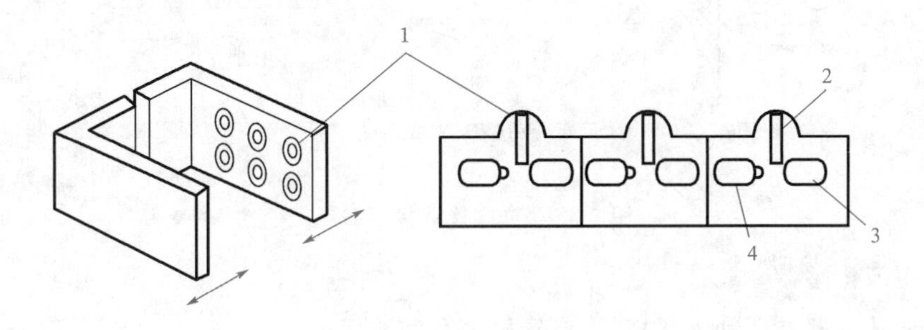

图 2-33　触觉传感器

1—接触式传感器;2—触杆;3—光传感器;4—发光二极管

(2) 接近传感器

①电磁式接近传感器

图 2-34 所示为电磁式接近传感器。加有高频信号 i_s 的励磁线圈 L 产生的高频电磁场作用于金属板,并在其中产生涡流,该涡流反作用于励磁线圈。通过检测线圈的输出可反映出传感器与被接近金属板间的距离。

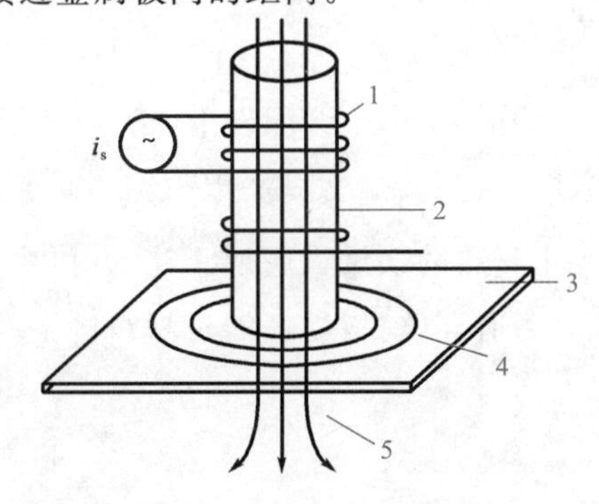

图 2-34　电磁式接近传感器

1—励磁线圈 L;2—检测线圈;3—金属板;4—涡流;5—磁束

②光学接近传感器

光学接近传感器由用作发射器的光源和接收器两部分组成，光源可在内部，也可在外部，接收器能够感知光线的有无。

发射器及接收器的配置准则(图 2-35)：发射器发出的光只有在物体接近时才能被接收器接收。除非能反射光的物体处在传感器作用范围内，否则接收器就接收不到光线，也就不能产生信号。

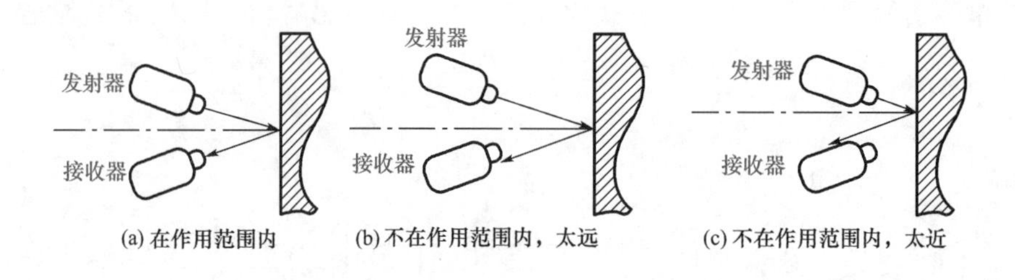

图 2-35　光学接近传感器

③超声波传感器

超声波传感器有两种工作模式：对置模式和回波模式。

④感应式接近传感器

感应式接近传感器用于检测金属表面。这种传感器其实就是一个带有铁氧体磁芯、振荡器 - 检测器和固态开关的线圈。

⑤电容式接近传感器

电容式接近传感器利用电容量的变化产生接近觉。其本身作为一个极板，被接近物作为另一个极板。将该电容接入电桥电路或 *RC* 振荡电路，利用电容极板距离的变化产生电容的变化，可检测出与被接近物的距离。电容式接近传感器对物体的颜色、构造和表面都不敏感，实时性好。

⑥涡流接近传感器

涡流接近传感器具有两个线圈，第一个线圈产生作为参考用的变化磁通，在有导电材料接近时，会感应出涡流，感应出的涡流又会产生与第一个线圈反向的磁通，使总的磁通减少。总磁通的变化与导电材料的接近程度成正比，并可由第二个线圈检测出来。涡流接近传感器不仅能检测是否有导电材料，还能对材料的空隙、裂缝、厚度等进行非破坏性检测。

⑦霍尔式传感器

当磁性物件移近霍尔式传感器时，开关检测面上的霍尔元件因产生霍尔效应而使其内部电路状态发生变化，由此识别附近磁性物体的存在，进而控制开关的通或断。这

种接近开关的检测对象是磁性物体 。

(2) 力觉传感器

力觉是指对工业机器人的指、肢和关节等运动中所受力的感知,用于感知夹持物体的状态;校正由于手臂变形引起的运动误差;保护工业机器人及零件不会损坏。它们对装配机器人具有重要意义。力觉传感器主要包括关节力传感器、腕力传感器和力-力矩觉传感器等。

①关节力传感器

关节力传感器应用于电流检测,液压系统的背压检测和应力式关节力传感器等。

②腕力传感器

腕力传感器可以采用应变式、电容式、压电式等,主要采用应变式,应变片可以按照被测力和力矩方向设置在不同位置,如图 2-36 所示的腕力传感器在竖直和水平方向各设置应变片,以测量张力和剪切力。应变片输出的是与其形变成正比的阻值,而形变又与施加的力成正比。因此,通过测量应变片的电阻,就可以确定施加力的大小。

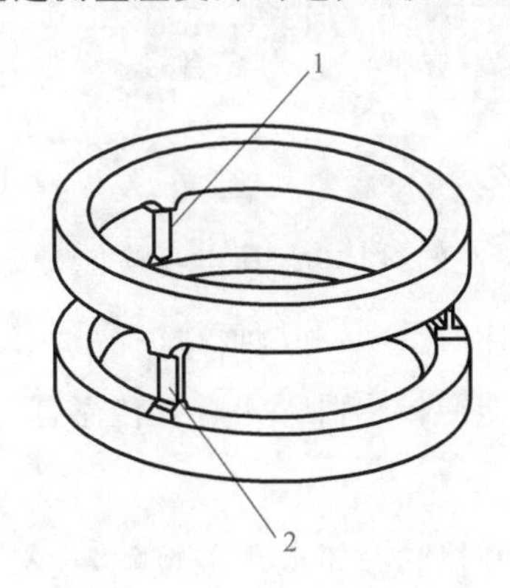

图 2-36　腕力传感器

1—张力测量应变片;2—剪切力测量应变片

③力-力矩传感器

力-力矩传感器测量工业机器人自身或与外界相互作用而产生的力或力矩。它通常装在机器人各关节处或手爪端部与工件接触部位。如要同时测量两个方向以上力及力矩,可以采用多维力传感器。在笛卡儿坐标系中力和力矩可以各自分解为三个分量,因此,多维力最完整的形式是六维力-力矩传感器,即能够同时测量三个力分量和三个力矩分量的传感器,在某些场合,不需要测量完整的六个力和力矩分量,只需要测量其中某几个分量,因此,就有了二、三、四、五维的多维力传感器,每种传感器都可能包含多种组合的形式 。

多维力传感器广泛应用于机器人手指、手爪研究，机器人外科手术研究，指力研究，牙齿研究，力反馈，刹车检测，精密装配、切削，复原研究，整形外科研究，产品测试，触觉反馈，示教学习；覆盖了机器人、汽车制造、自动化流水线装配、生物力学、航空航天、轻纺工业等领域。图 2-37 所示为六维力传感器的结构。

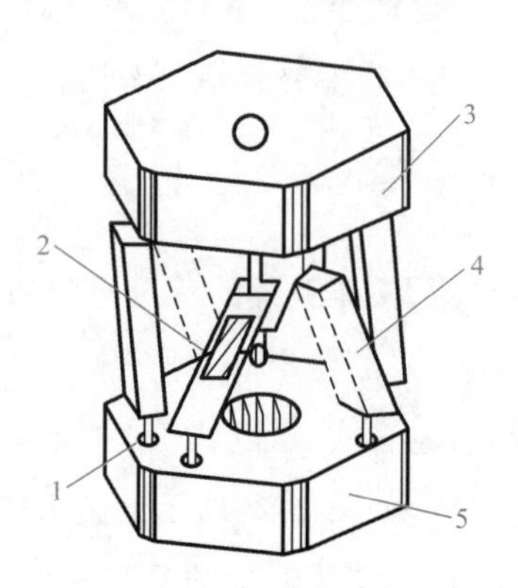

图 2-37　六维力传感器的结构

1—弹性铰链；2—应变计；3—上平台；4—弹性体；5—下平台

(3) 滑觉传感器

工业机器人在抓取不知属性的物体时，其自身应能确定最佳夹紧力的给定值。当夹紧力不够时，要检测被夹紧物体的滑动，利用该检测信号，在不损害物体的前提下，考虑最可靠的夹持方法，实现此功能的传感器称为滑觉传感器。滑觉传感器分为滚动式、球式和振动式。

物体在传感器表面上滑动时，和滚轮或环相接触，把滑动变成转动。比较典型的滚动式滑觉传感器是磁力式滑觉传感器，滑动物体引起滚轮滚动，用磁铁和静止的磁头或光传感器进行检测，这种传感器只能检测一个方向的滑动。球式滑觉传感器用球代替滚轮，可以检测各个方向的滑动。振动式滑觉传感器表面伸出的触针能和物体接触，物体滚动时，触针与物体接触而产生振动，这个振动由压电传感器或具有磁场线圈结构的微小位移计检测 。

①光纤滑觉传感器

用于工业机器人手爪有关研究的主要是光纤压觉或力觉传感器和光纤触觉传感器。由于光纤滑觉传感器具有体积小、不受电磁干扰、防燃、防爆等优点，因而在机械手作业过程中，可靠性较高。

如图 2-38 所示，在光纤滑觉传感系统中，利用滑球的微小转动来进行切向滑觉的

转换，在滑球中心嵌入一个平面反射镜。光纤探头由中心的发射光纤和对称布设的四根光信号接收光纤组成。来自发射光纤的出射光经平面反射镜反射后，被发射光纤周围的四根光纤所接收，形成同一光场的四象限光探测，所接收的四象限光信号经前置放大后被送入信号处理系统。当传感器的滑球在有滑动趋势的物体作用下绕球心产生微小转动时，由此引起反射光场发生变化，导致四象限接收光纤所接收到的光信号受到调制，从而实现全方位光纤滑觉检测。

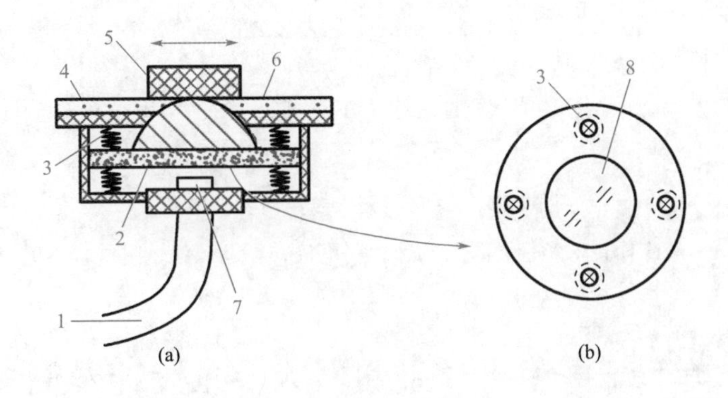

图 2-38 光纤滑觉传感器的结构

1—光缆；2—脊状反射器；3—弹簧；4—弹性膜；5—物体；
6—传感器壳体；7—光纤探头；8—平面反射镜

光纤滑觉传感器的结构如图 2-38 所示。传感器壳体中开有一个球冠形槽，可使滑球在其中滑动。滑球的一小部分露出并与弹性膜相接触，滑动物体通过弹性膜与滑球发生相互作用。滑球中心平面与一个内嵌平面反射镜的刚性圆板固接，该刚性圆板通过八个弹簧与传感器壳体相连，构成了该滑觉传感器的弹性恢复系统。

②机器人专用滑觉传感器

图 2-39 所示为贝尔格莱德大学研制的球形机器人专用滑觉传感器。它由金属球和触针组成，金属球表面分布许多间隔排列的导电和绝缘小格。触针很细，每次只能触及一个格。当工件滑动时，金属球也随之转动，并在触针上输出脉冲信号。脉冲信号的频率反映了滑移速度，脉冲信号的个数对应滑移的距离。接触器触头面积小于球面上露出的导体面积，它不仅可做得很小，而且检测灵敏度高。金属球与物体相接触，无论滑动方向如何，只要金属球一转动，传感器就会产生脉冲。该球体在冲击力作用下不转动，因此抗干扰能力强。

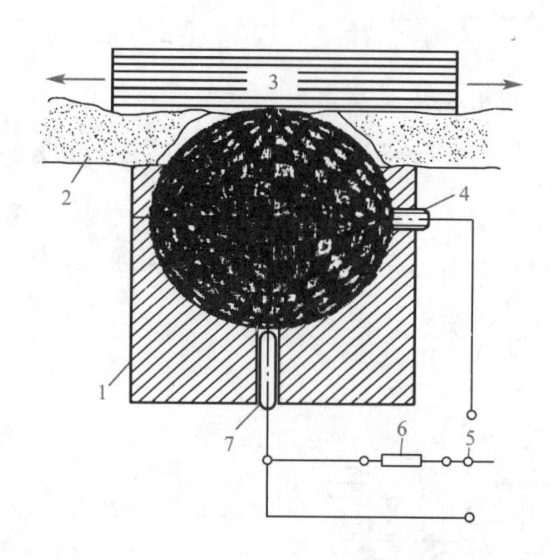

图 2-39　球形机器人专用滑觉传感器

1—绝缘体；2—柔性体；3—物体；4—电极；5—电源；6—阻抗；7—电极

单元三　工业机器人手爪设计案例

手爪设计涉及机电、图像识别等领域，设计时需多方面加以考虑。本单元以某车型车身点焊件为例，对其设计过程进行说明。

一、设计要求

如图 2-40 所示，点焊件需要焊接在车身件上。点焊件总长为 1.6 m，本工位点焊位置为 5 个，如图 2-41 所示为车身点焊件。

焊接机器人生产线系统

图 2-40　某车型车身点焊件实物

1—夹具；2—点焊件；3—定位销；4—车身件

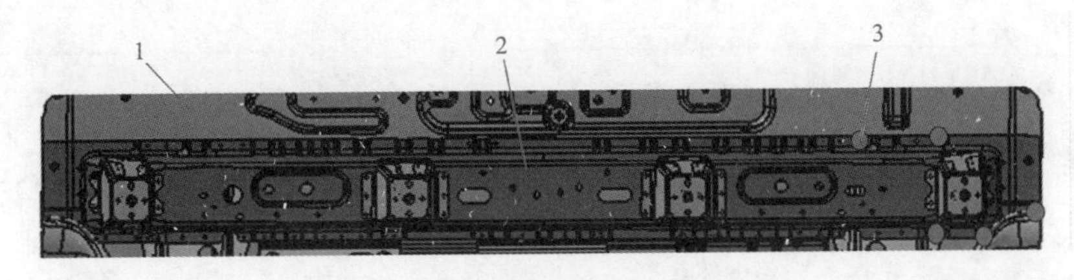

图 2-41 车身点焊件

1—车身件;2—点焊件;3—焊点标识

工件以车身平面和定位销进行定位,并用夹具夹紧。焊具需要安装在手腕处,手腕处由法兰盘连接机器人手爪,手爪夹持焊具进行工作,焊具如图 2-42(a) 所示。点焊有上、下两个电极,被焊接工件置于两个电极之间,电极放电进行点焊,如图 2-42(b) 所示。

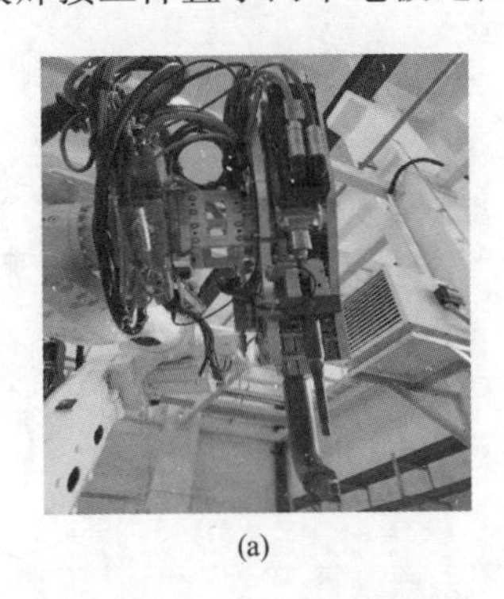

(a)

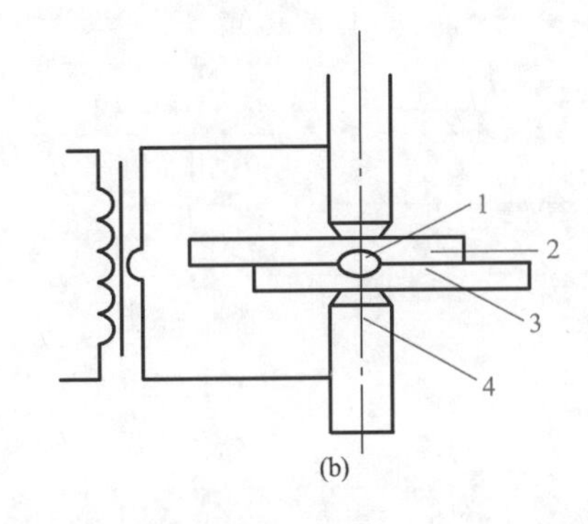

(b)

图 2-42 点焊具及点焊原理

1—熔核;2—工件;3—接合面;4—电极

经过选型,选用 ABB 6700-235 具有六自由度的关节坐标型机器人。ABB 机器人参数见表 2-5。

表 2-5 ABB 机器人参数

规格				
机器人版本 IRB	工作范围 /m	称重能力 /kg	重心 /mm	手腕扭矩 /(N·m)
6700-200	2.60	200	300	981
6700-155	2.85	155	300	927
6700-235	2.65	235	300	1 324
6700-205	2.80	205	300	1 263
6700-175	3.05	175	300	1 179
6700-150	3.20	150	300	1 135
所有版本可额外增加负载。 上臂负载为 50 kg,第 1 轴框架负载为 250 kg				
轴数:	6			
防护等级:	整机 IP67			

续表

安装方式：	落地式		
IRC5 控制柜版本：	单柜　双柜		
性能			
	6700-200	6700-155	6700-235
重复定位精度 RP/mm	0.05	0.05	0.05
轨迹重复精度 RT/mm	0.06	0.12	0.08
	6700-205	6700-175	6700-150
重复定位精度 RP/mm	0.05	0.05	0.06
轨迹重复精度 RT/mm	0.08	0.12	0.14
IRB 6700-235			
轴运动	工作范围	轴最大速度	
轴 1 旋转*	+170°～-170°	100°/s	
轴 2 旋转	+85°～-65°	90°/s	
轴 3 旋转	+70°～-180°	90°/s	
轴 4 旋转	+300°～-300°	170°/s	
轴 5 旋转**	+130°～-130°	120°/s	
轴 6 旋转***	+360°～-360°	190°/s	

注：监督功能防止密集和频繁运动造成应用程序过热。
　* 选项±200°、**±120°(Lean ID 选项)、***±220°(Lean ID 选项)

工作范围

IRB 6700-200/2.60

单位：mm

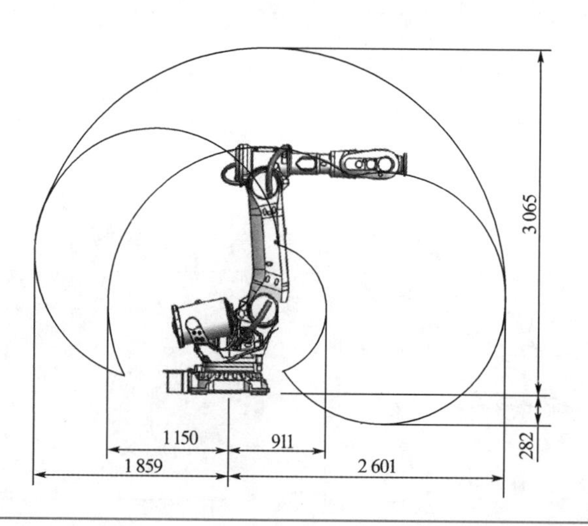

二、设计方案

由 ABB 机器人参数可知，机器人工作空间体积为 94 m^3，操作臂总长度为 2.65 m，总承重为 235 kg，手腕扭矩为 1 324 N·m，上臂负载为 50 kg。

1. 焊钳的选择

点焊机器人手爪（焊钳）有两类，分别为 C 型和 X 型。

图 2-43 所示为 C 型焊钳的结构；C 型焊钳一般用于点焊位置垂直或接近垂直的焊接，其电极轨迹为直线。

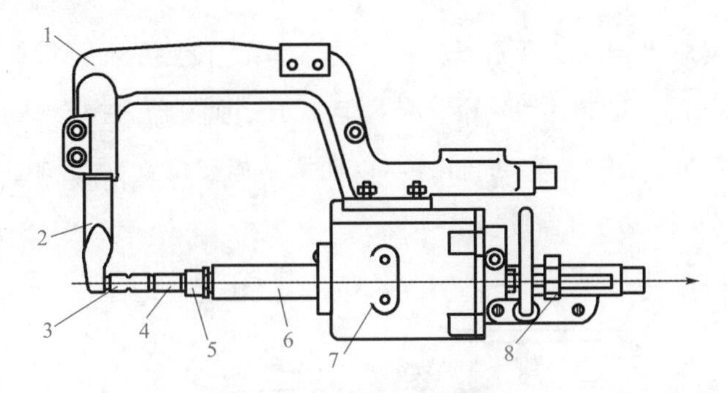

图 2-43　C 型焊钳的结构

1—钳体；2—静电极臂；3—静电极；4—动电极；5—动电极座；
6—焊杆；7—驱动器；8—限位架

图 2-44 所示为 X 型点焊钳，一般用于点焊位置水平或者接近水平的焊接，其电极轨迹为弧线。

图 2-44　X 型点焊钳

点焊行程分为工作行程和辅助行程两部分。工作行程是指点焊钳在驱动器驱动下张开的距离，工作行程越小，焊接工作效率越高，因此应尽量选择较小的工作行程。辅助行程是指为了避免焊钳进入焊位与工件、夹具等发生干涉，而使焊钳张开的距离，即焊钳进入焊接部位时开启的行程，到位后关闭，进入工作行程。当焊件翻边距离较大时，考虑增大辅助行程。为提高生产率，在产品质量可以保证，生产允许条件下，尽量不使用辅助行程；选用大工作行程的焊钳，辅助行程与工作行程一致。

因此，选择C型焊钳适合本工序要求。

2. 手爪自由度的选择

由于本工序要求设计的工业机器人手爪是点焊钳，按照前面分析选用C型焊钳，只需要一个 Z 轴方向的移动自由度(图 2-45)。但由于工业机器人操作要求自动化程度较高，需要在 X 轴方向也有一个移动自由度，以便调整焊接位置。因此本工序需要沿 Z 轴方向和 X 轴方向两个移动自由度。

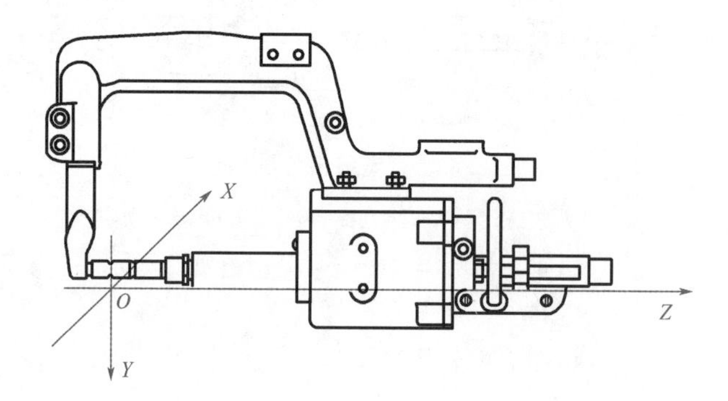

图 2-45　焊钳坐标系

3. 驱动方案的选择

焊钳的驱动方式主要有两种：气动驱动和伺服驱动。传统焊钳工作行程和辅助行程采用气动驱动方式。

(1) 气动驱动

气动驱动是目前较为常用的驱动方式。其主要特点如下：

①气缸焊钳压力增大的时间相对较长，必须设定加压时间，压力升高到点焊所需压力的 80% 时点焊过程才开始，在焊接过程中压力升到 100%，而非恒定，焊接质量也会不稳定。

②无法精确控制电极的运动速度，会出现电极冲击。

③气动排气时会有噪声。

④路径固定，不方便调整。

⑤投入成本较低。

（2）伺服驱动

伺服驱动是指采用伺服电动机驱动完成焊钳的张开和闭合。其主要特点如下：

①张开度可以根据实际需要任意选定并预置，而且电极间的压力也可以无级调节。

②伺服驱动焊钳电极压力由 0 增大到 100% 点焊所需的压力值，伺服驱动比气动驱动快 5 倍，同时设置好的压力值在点焊过程中不再变化，从而保证更高的点焊质量。点焊过程中的牵制时间可忽略不计。

③电极的动作速度在接触到工件前，可由高速准确地调整到低速，这样就可以形成电极对工件的软接触，减小电极冲击所造成的压痕，从而减少了后序车身表面修磨处理量，提高了车身质量。而且应用伺服控制技术可以对点焊工艺参数进行数字化管理。

④由于电极对工件是软接触，可以减小冲击噪声。

⑤伺服焊钳的加压开放动作由工业机器人自动控制，与气动焊钳相比，伺服焊钳的动作路径可以控制到最短，缩短生产节拍，提高生产率。

⑥ 目前伺服驱动方式比气动方式成本高。

综上所述，采用伺服驱动方案较为合适。

4. 结构方案的选择

ABB 6700 机器人手腕连接结构如图 2-46 所示，设计手爪和手腕连接法兰结构相配。

目前工业机器人快换装置 ATI 已经广泛应用于工业机器人手爪中，本方案立足于讲解工业机器人手爪的设计计算，对快换装置设计仍有意义。

初步方案：手爪底座尺寸为 50 mm×ϕ850 mm，具体结构尺寸参照图 2-46。由于不同焊钳尺寸会有差异，底座上面需要设计两个自由度的夹持焊钳机构，两个自由度选用伺服驱动方式。

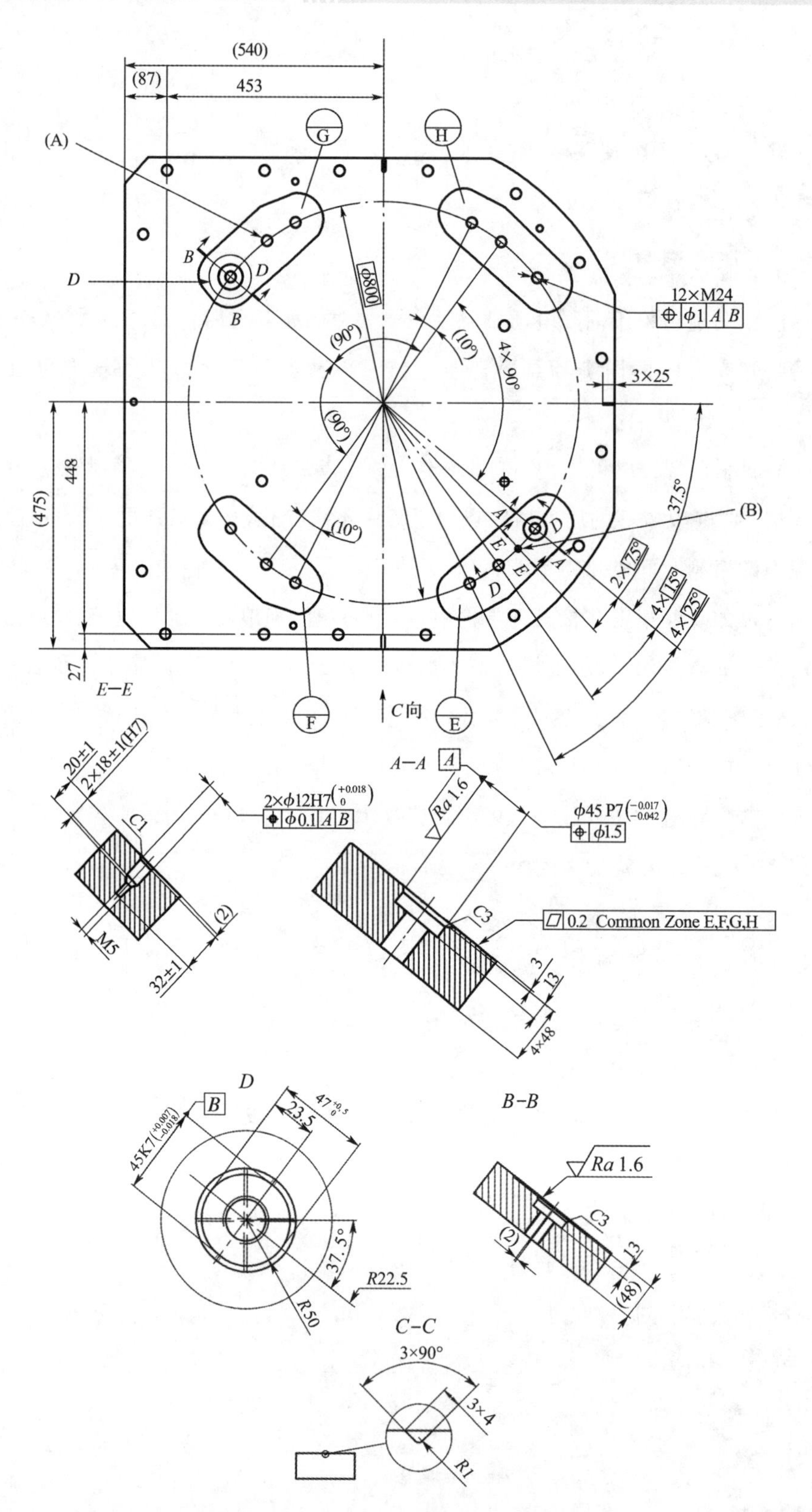

图 2-46　ABB 6700 机器人手腕连接结构

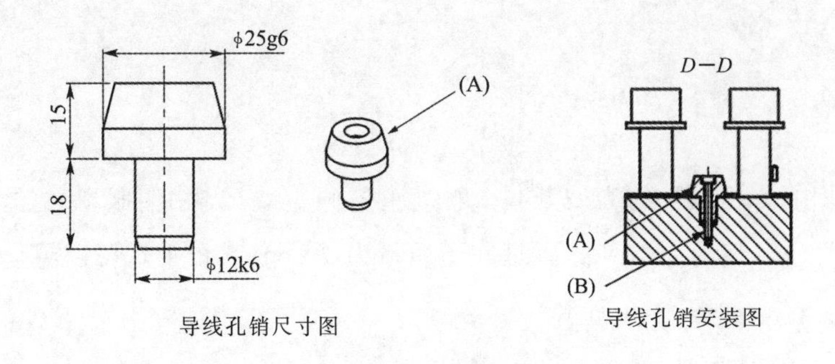

图 2-46　ABB 6700 机器人手腕连接结构(续)

手爪的结构如图 2-47 所示，手爪底座与机器人腕部法兰相连，与手爪底座相连的燕尾导轨，可以带动整个手爪部分沿 X 轴方向移动，采用伺服电动机驱动。燕尾导轨与电极座相连，电极座固定静电极，并且安装直线导轨，以伺服电动缸驱动动电极进入工作行程。由于电极在焊接中会有损耗，需要对动、静电极距离进行测量，因此在直线导轨上放置一个位移传感器。

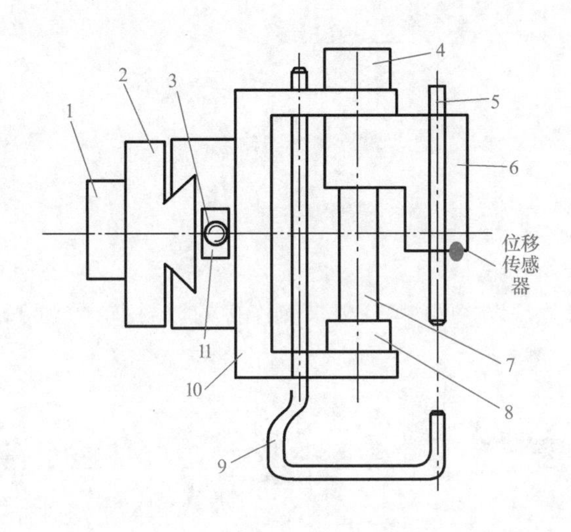

图 2-47　手爪的结构

1—手爪底座；2—燕尾导轨；3—滚珠丝杠；4—伺服电动缸；5—动电极；6—动电极滑座；7—直线导轨；8—限位块；9—静电极；10—电极座；11—伺服电动机

三、手爪校核计算

1. 刚度

以上结构，焊钳质量约为 0.5 kg，电机座连同直线导轨、伺服电动缸的质量约为 5 kg，燕尾导轨质量约为 10 kg，手爪底座质量为 10 kg。整个手爪可以简化为悬臂梁模型进行刚度计算，如图 2-48 所示。

根据式(2-11) 可得

$$K=\frac{3\times 3.14\times 2\times 10^{11}\times 0.85^{4}}{64\times 0.12^{3}}=8.89\times 10^{12}$$

因此手爪变形量 $\delta=\frac{250}{K}=2.81\times 10^{-11}\,\mathrm{m}$，符合要求。

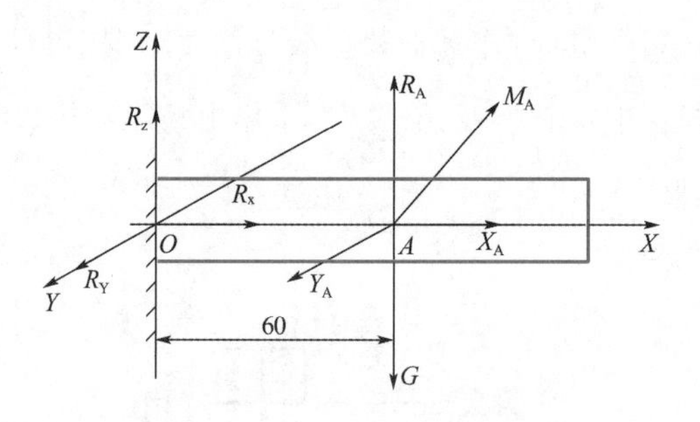

图 2-48　悬臂梁刚度模型

2. 剪切力

由于该手爪是法兰盘以 M24 螺钉与手腕连接的，螺钉个数为 12，因此螺栓承受剪应力为

$$\tau=\frac{Q_p\tan(\lambda+\psi_v)\,\frac{d_2}{2}}{\frac{\pi d_1^3}{16}}=\frac{\tan\lambda+\tan\psi_v}{1-\tan\psi_v\tan\lambda}\cdot\frac{2d_2}{d_1}\cdot\frac{Q_p}{\frac{\pi}{4}d_1^2}$$

对于普通螺纹的钢制螺钉，可取 $\tan\psi_v=0.17$，d_1 为危险截面螺纹直径，d_2 为危险截面螺纹中经，一般取 $d_2/d_1=1.04\sim 1.08$，$\tan\lambda=0.05$，螺钉材料为塑性材料，因此根据第四强度理论，螺钉在预紧情况下的计算应力为

$$Q_p=\frac{K_S F_{\sum}}{fzi}$$

式中　K_S—— 防滑系数，一般取 1.1 ~ 1.3；

i—— 接合面数，取 2；

f—— 接合面摩擦因数；

z—— 螺钉个数；

$F_{\sum}$—— 手爪所受合力，N。

$\tau = 8.6$ kPa，远小于螺纹材料的屈服强度（钢的屈服强度大于 210 MPa）。

3. 惯性力矩

由 $M_i = J\dot{\omega}_l + J\omega_i^2$ 可知，如果把手腕回转轴设为 X 轴，则转动惯量 $J_x = \frac{1}{2}MR^2 = \frac{1}{2} \times 25 \times 0.85^2 = 9.03\ \mathrm{kg \cdot m^2}$，由 ABB 机器人参数可知，手腕转动最大速度为 190°/s，化为弧度是0.26 rad/s，手腕最大角加速度 $\dot{\omega}_l = 0.26\ \mathrm{rad/s^2}$，$\omega_i = 0.26$ rad/s，则绕 X 轴的惯性力矩为 2.95 N·m，六轴（手腕）输出的额定扭矩为 5.78 N·m，满足要求。

由于加工误差的存在，手腕回转中心和质心会有偏离，转动惯量 $J_x = \frac{1}{2}MR^2 + Me^2$，$e$ 为偏心量，由于手腕回转速度不高，故可以不考虑。但在进行位姿控制时需要考虑。

如图 2-50 所示，手腕有弯曲和旋转两个自由度。如果手腕的质心在 A 点，手臂重力为 G，$OA = l$，则 X_A、Y_A、Z_A 为惯性力系在坐标轴的三个分量；R_X、R_Y、R_Z 分别为关节处支持力沿着坐标轴方向的三个投影分力，惯性力矩 M_i 在坐标轴上的三个分量分别为 M_X、M_Y、M_Z。与坐标轴夹角分别为 θ、β、α。则有

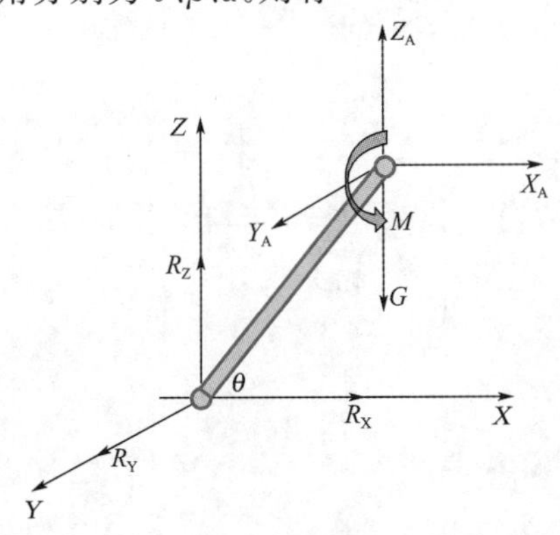

图 2-50　手腕受力分析

$$R_X = -X_A, R_Y = -Y_A, R_Z = G - Z_A,$$

$$M = \sqrt{M_X^2 + M_Y^2 + M_Z^2}$$

由于做平面运动，由牛顿-欧拉公式可知

$$M = J\dot{\omega} + J\omega^2$$

由 ABB 机器人参数可知，机器人第五轴的速度为 120°/s，即 0.16 rad/s，因此最大角加速度为0.16 rad/s^2，如果假设该轴重心(包括手抓)在 A 点，则 $J_y = 1/2\ m\ l^2$，由于该轴只绕 Y 轴转动，故 $R_Y = 0$，$X_A = (G/g)a_{AX}$，$Z_A = (G/g)\ a_{AZ}$，其中 a_{AX}、a_{AZ} 为质心加速度的两个分量，根据达朗伯定理得

$$(Z_A - G)l\sin\theta + M - X_A l\cos\theta = 0$$

则

$$R_X = \frac{ml\sin\theta(g - a_{AZ}) - M}{l\cos\theta}$$

$$R_Z = G - ma_{AZ}$$

由此可知，关节力与转角 θ 有关，当 $\theta = 90°$ 时，此时方程无解，关节处于奇异点；当 $\theta = 0°$ 时，$R_X = -M/l$。

4. 安全设置

(1) 内部传感器

为了保证焊接精度要求，除了设置一个位移传感器外，还应该在手腕处设置一个应变片，以监测腕部关节的应力变化。在力或者力矩过大时可以报警，以免发生破坏。

机器人手爪立体库

(2) 外部传感器

为了保障工业机器人安全工作，在手爪部位还应该设置超声波传感器，一旦有异物接近手爪，工业机器人检测到信号就会停止工作。

小 结

本模块从手爪设计的角度出发，详细介绍了手爪类型和结构及相关的器件与应用场合、选择要点、相关设计计算，并举例讲解了设计步骤及过程。

拓展资料

素养提升

目前人们将机器人手爪分为拟人手爪和非拟人手爪，其中拟人手爪主要是根据人类手的形状研制的。人拥有一双非常灵巧的手，经过几千年的演变才逐渐形成，人手的结构非常紧凑，在抓取实物以及操作物品方面都显得极其灵活。目前已经研制成功的拟人手爪有多指灵巧手，这种手爪主要用来给失去手臂的人安装假肢，虽然这种手爪的灵活性很差，但是对于失去手臂的人来说却是一种希望。在我国最早研制手爪的是张启生院士，当时研制出来的机器人手爪虽然功能相对比较简单，但是填补了国内机器人手爪研究的空白。

研究机器人手爪的目的是方便人们的生活，其关键在于手爪的安全可靠性以及极高的智能性。安全可靠性主要是为了进一步确保机器人在工作的时候能够安全稳定，此外还要求研制出的机器人手爪在微小位置以及角度偏差等问题上都能够有效地应对；而对手爪的智能化研究则能够有效地提高机器人手爪的准确性，对机器人手爪进行智能化的研究就好比人类用大脑控制手一样，能够有效地减少出错的可能性。

因此，机器人手爪的研究还需要持续努力，不断深入，以推动机器人手爪可靠性、智能化进一步发展。

思考题

一、选择题

1. 机器人的英文单词是（　　）。

A. botre　　B. boret　　C. robot　　D. rebot

2. 工业机器人手爪运动自由度数一般（　　）。

A. 小于 2 个　　B. 小于 3 个　　C. 小于 6 个　　D. 大于 6 个

3. 工业机器人手爪的动作由(　　)提供动力。

A. 机械系统　　B. 驱动系统　　C. 控制系统　　D. 感知系统

4. 以下传感器属于末端操作器传感器的是(　　)。

A. 触觉传感器　　B. 速度传感器　　C. 位置传感器　　D. 视觉传感器

5. 工业机器人的手爪按夹持原理可分为(　　)和吸附式。

A. 重力式　　B. 自动调整式　　C. 夹钳式　　D. 平行连杆式

6. 以下传感器属于外部传感器的是(　　)。

A. 触觉传感器　　B. 速度传感器　　C. 位置传感器　　D. 加速度传感器

二、填空题

1. 工业机器人手爪最常用的两种关节类型是__________、__________。

2. 工业机器人手爪设计一般分为__________、__________两大步骤。

3. 工业机器人手爪按用途分类,可分为__________、__________两大类。

4. 直线驱动机构包括__________、__________、__________。

5. 工业机器人的三种驱动机构是__________、__________、__________。

三、简答题

1. 工业机器人手爪设计原则是什么?

2. 工业机器人手爪刚度如何校核?

模块三
夹钳式手爪设计

学习目标

1. 掌握夹钳式手爪的设计原则及关键问题。
2. 掌握夹钳式手爪的类型及结构。
3. 了解夹钳式手爪的夹紧力计算。
4. 了解夹钳式手爪的定位及定位精度。
5. 了解夹钳式手爪的应用。

能力目标

1. 能够计算夹钳式手爪的夹紧力。
2. 能够计算夹钳式手爪的驱动力。
3. 能够理解夹钳式手爪整体方案设计及主要参数计算。

素质目标

1. 提升查找资料、阅读文献的能力。
2. 提升逻辑分析能力。
3. 提升团队合作能力。
4. 培育工匠精神。

单元一 夹钳式手爪的设计原则及关键问题

一、夹钳式手爪的设计原则

夹钳式手爪除了要满足机械刚度、强度、力及力矩分布合理及运动平稳的要求外，还需满足以下设计原则：

1. 定位合理

手爪设计合理，尺寸满足设计要求，定位可靠，满足误差要求。

2. 夹紧适当

在满足强度和刚度的前提下，还需满足夹紧机构不破坏定位，夹紧作用点不会产生减小夹紧力的附加力矩，夹紧力不会破坏工件表面。

3. 驱动力及力矩较小

在满足夹紧要求的前提下，驱动力及力矩尽量小，以减小整个手臂的运动负载。

4. 安全性原则

夹钳式手爪夹紧机构要能够自锁，以防止意外发生。设置必要的安全检测装置，以便出现危险状况可以及时报警。

5. 材料选用原则

手爪运行时，其手部、手腕、手臂和腰部会作为负载来运作，因此各部分尽量选取轻便、经济的材料。

6. 良好工艺性原则

夹钳式手爪零部件设计要尽量做到易加工、易装配，注重成本效益。

综上所述，夹钳式手爪的设计在满足作业所需的负荷、速度、精度等要求的前提下，

应结构紧凑，适应空间工作的所需姿态，同时还应有一定的运动灵活性、平稳性和自由度，保证手爪能够顺利完成相关工作任务。

二、夹钳式手爪的关键问题

1. 应具有足够的握力（夹紧力）

在确定手指的握力时，除考虑工件重量外，还应考虑在传送或操作过程中所产生的惯性力和振动，以保证工件不致产生松动或脱落，并且不能破坏工件表面。因此需要根据不同的工件要求，通过夹紧力计算设计相应的夹紧机构。夹紧力计算分为静力计算和动力计算，详见模块二。

2. 手指间应具有一定的开闭角

两手指张开与闭合的两个极限位置所夹的角度称为手指的开闭角 θ，如图 3-1 所示。手指的开闭角应保证工件能顺利进入或脱开。若夹持不同直径的工件，则应按最大直径的工件考虑。对于移动型手指，只有开闭幅度的要求。

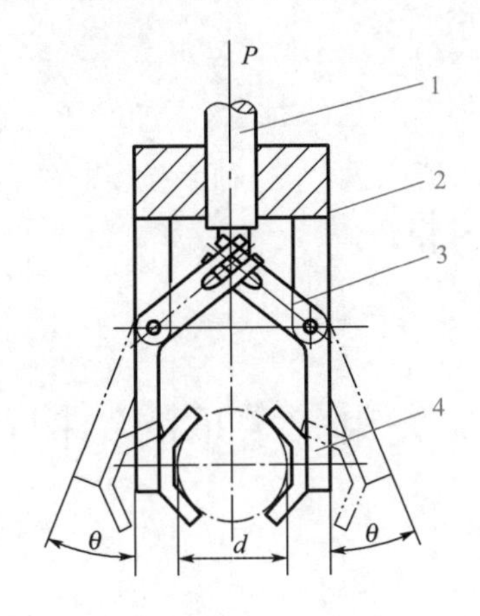

图 3-1　手指的开闭角

1—驱动机构；2—手爪支持机构；3—传动机构；4—手爪

3. 应保证工件准确定位

在对工件尺寸要求严格的前提下，必须考虑在手爪上设置单独定位元件，以满足定位要求；如果对工件要求不严格，则可以考虑夹紧、定位机构合在一起，即夹紧机构也是定位机构，如V形夹紧机构在夹持圆柱形工件时可以自动定心。

4. 应具有足够的强度和刚度

应使手部的重心在手腕的回转轴线上，以使手腕的扭转力矩最小为佳。

5. 应考虑被抓取对象的要求

(1) 抓取形状。手指形状应根据工件形状来设计。圆柱形工件用V形手指；球形工件用圆弧形三指手指；方形工件用平面形手指；细丝工件用尖指钩形或细齿钳爪手指。

(2) 抓取部位。抓取部位的尺寸应尽可能是不变的，若加工后尺寸有变化，手指应能适应尺寸变化的要求，否则不允许定为抓取部位。对于工件表面质量要求高的，抓取时应尽量避开高质量表面或在手指上加软质垫片(如橡皮、泡沫塑料、石棉衬热等)，以防夹持时损坏工件。

(3) 抓取数量。若用一对手指抓取多个工件，为了不发生个别工件的松动或脱落现象，在手指上可增加弹性衬垫，如橡皮、泡沫塑料等。

6. 应考虑手指的多用性

手指是专用性较强的部件，为适应小批量、多品种工件的不同形状和尺寸的要求，可制成组合式的手指，如图3-1所示。对于这种手指要求结构简单，安装维修方便，更换迅速和准确，以便扩大手爪的使用范围。

单元二 夹钳式手爪的结构及类型

一、夹钳式手爪的结构

夹钳式手爪由驱动机构、传动机构、手爪支持机构等组成，如图3-1所示。

驱动机构主要包括油缸、气缸、活塞杆和弹簧等。

传动机构指把活塞杆的运动变为手指开闭运动的机构，包括齿轮齿条机构、滑槽杠杆机构、铰链连杆机构等。它不仅把活塞杆的运动传递给手爪，还将这个机构设计为力的倍增机构。

手爪主要用来夹持工件或者操作器具。

手爪支持机构一般固定在手腕或手臂上，而驱动机构、传动机构和手爪则安装在手爪的支持部件上。

1. 驱动机构

根据单个抓取自由度的驱动方式的不同，其形状、机构、动力有多种多样。

(1) 油(气) 缸驱动

直接用油(气) 缸驱动来实现手爪的张合，具有结构紧凑、灵巧等优点。气缸驱动由于受结构影响，一般用于驱动载荷不大，精度要求不高的场合。气缸驱动式手爪如图 3-2 所示。油(气) 缸驱动除了可以驱动手爪进行直线位移外，还可以驱动手爪做回转运动，此时可采用摆动液(气) 压缸(具体结构见模块二)。

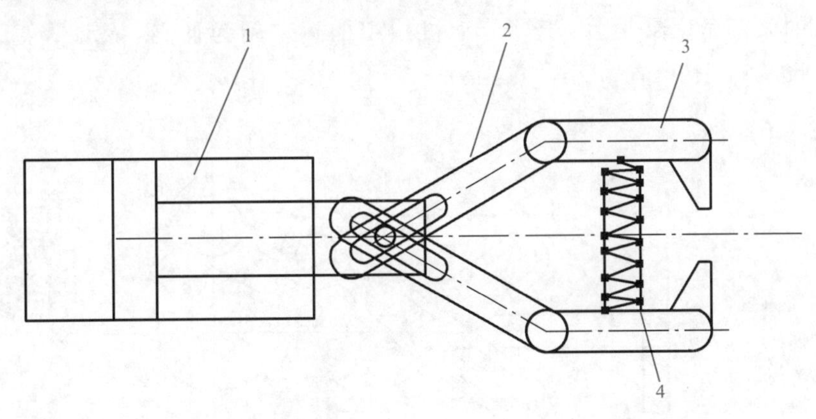

图 3-2　气缸驱动式手爪

1—驱动气缸；2—传动机构；3—手爪；4—阻尼弹簧

(2) 直线电动机驱动

参考模块二。

(3) 机械驱动

在工业机器人手爪驱动机构中，直接采用机械结构的比较少见，这主要是出于精确控制的考虑，但是有些手爪采用腕部关节驱动装置连接机械传动机构，来提高驱动装置的利用率。

(4) 新型技术驱动

新型技术驱动方式包括压电陶瓷、形状记忆合金等(参考模块二)。

2. 传动机构

夹钳式手部结构由手指(或手爪)和传力机构所组成。其传力机构形式比较多,如滑槽杠杆式、连杆杠杆式、斜楔杠杆式、齿轮齿条式、弹簧杠杆式等。

(1) 滑槽杠杆式

图 3-3 所示为回转型滑槽杠杆式手部结构。该结构为对称结构,由驱动元件活塞杆、传动机构滑槽杠杆机构、手指及手爪支持部件组成。当机构处于右极限位置时,手指处于最大张开状态,受到驱动力时去抓取工件。此时,活塞杆向左移动,由于活塞杆与销轴无相对运动,其带动销轴左移,滑槽杠杆机构的横向移动带动手指转动,从而使手指上、下两端闭合并实现夹紧。在实现抓取后,机构处于左极限位置,手爪的张开角度最小。由于该传动机构中的运动副为低副,传动精度不高,适用于对精度要求不高的场合。

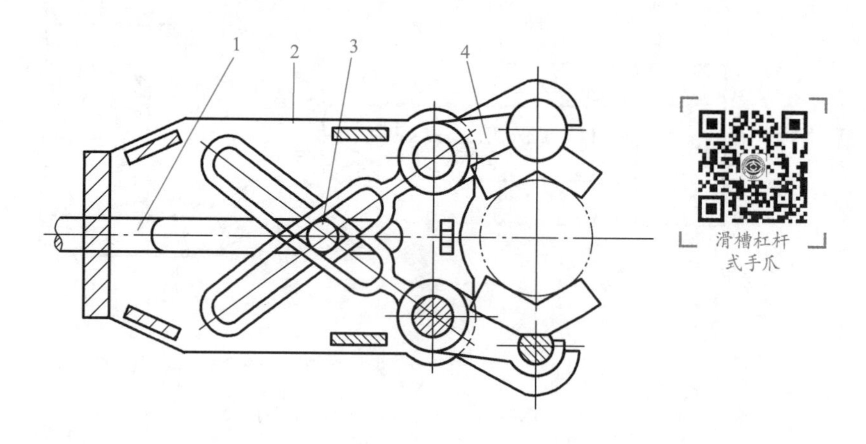

图 3-3　回转型滑槽杠杆式手部结构

1—活塞杆;2—手爪支持部件;3—滑槽杠杆机构;4—手指

(2) 连杆杠杆式

图 3-4 所示为移动型双连杆杠杆式手部结构,主要由驱动元件活塞杆、连杆杠杆式传动机构(3、4、5)、手爪及指座组成。由活塞杆带动连接块右移,通过连杆 4、杠杆和连杆 2,使两个手爪向内做平行移动,即夹紧工件。当活塞杆左移时,手爪张开。由于该类型机构各构件间的运动副均为低副(面接触),摩擦力较大,因此适用于相对重载的场合。同时,由于连杆杠杆式机构具有构件累积运动误差,不适用于精度要求高的场合。

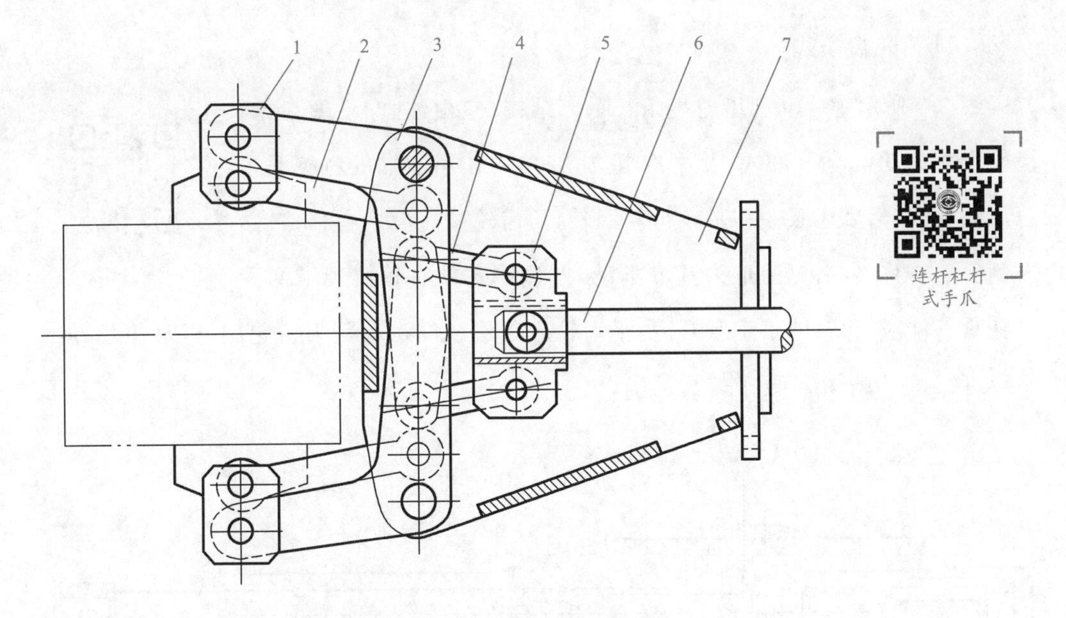

连杆杠杆式手爪

图 3-4　移动型双连杆杠杆式手部结构

1—手爪；2，4—连杆；3—杠杆；5—连接块；6—活塞杆；7—指座

（3）斜楔杠杆式

如图 3-5 所示为斜楔杠杆式手部结构。它是靠斜楔推动滚子并带动手爪绕回转支点 O_1 与 O_2 回转，夹紧工件的。当斜楔后移时，靠弹簧的拉力使手爪分开。装在手爪上端的滚子与斜楔为高副接触，故摩擦力较小，活动灵敏，但结构相对稳定性差且夹紧力不大，适用于轻载场合。

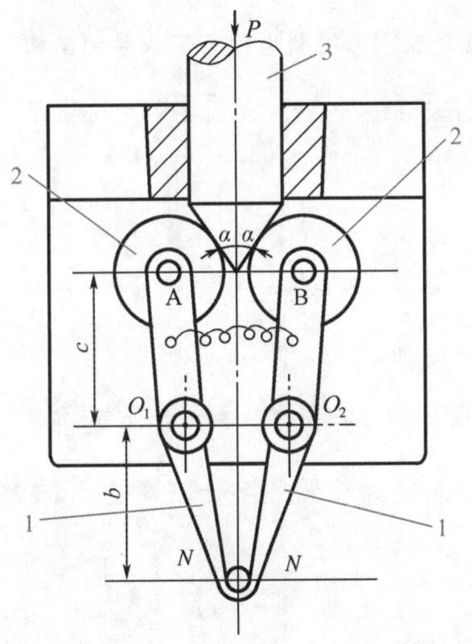

图 3-5　斜楔杠杆式手部结构

1—手爪；2—滚子；3—斜楔

(4) 齿轮齿条式

图 3-6 所示为移动型齿轮齿条式手部结构。它由油缸、活塞齿条、齿轮齿条传动机构(3 和 4) 及手爪组成。在单向作用油缸的右腔通入压力油液,使活塞齿条左移带动齿轮回转,而齿轮又使齿条右移,带动左侧手爪右移。以右侧手爪为基准不动,左侧手爪的右移实现了两手爪夹紧工件。靠弹簧使手爪张开。由于齿轮齿条形成的运动副为齿轮副,保证了运动的平稳可靠,适用于精度要求较高的场合。

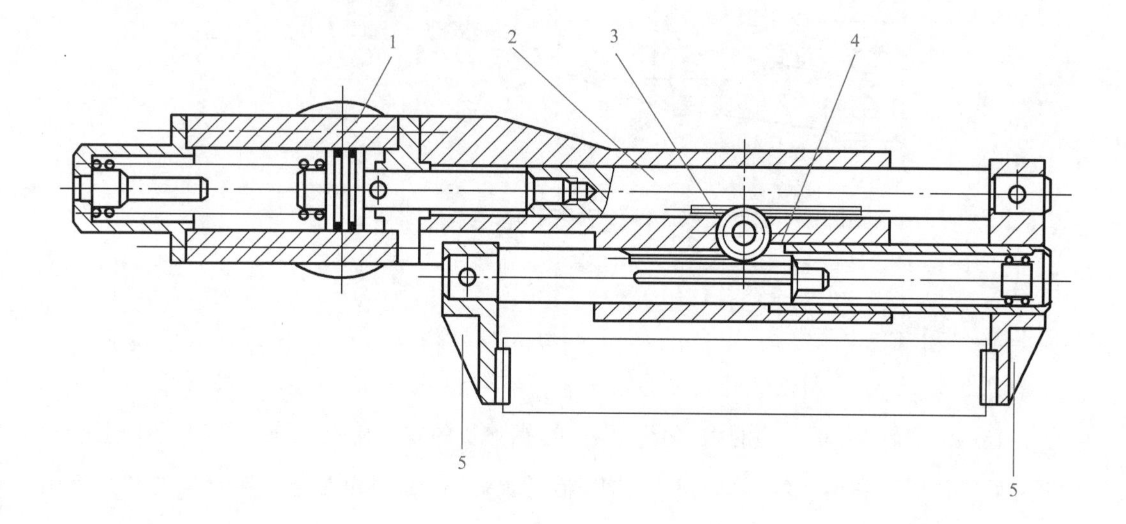

图 3-6　移动型齿轮齿条式手部结构

1—油缸;2—活塞齿条;3—齿轮;4—齿条;5—手爪

(5) 弹簧杠杆式

如图 3-7 所示为弹簧杠杆式手部结构,在弹簧力的作用下实现抓取工件。该机构的特点是利用弹簧力,不需要其他驱动力。抓取工件前,手爪因弹簧力闭合;在碰到工件时,工件对手爪施加力,将手爪撑开,并依靠弹簧力实现抓取。该手爪类型问题在于:手爪无法自动松开工件,需要依靠其他装置。由于弹簧力有限,该手爪适用于质量较小的工件。

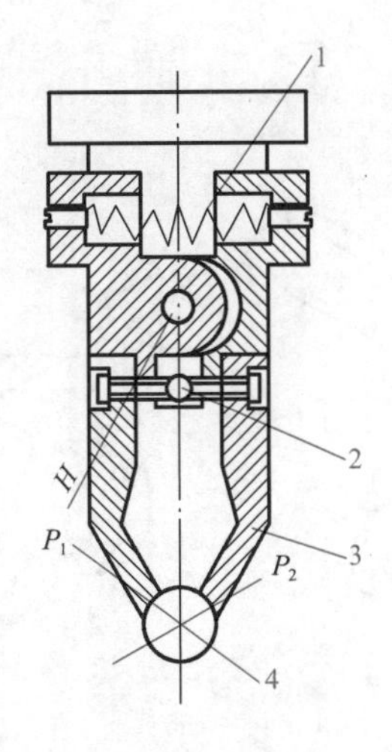

图 3-7　弹簧杠杆式手部结构

1—弹簧；2—连杆；3—手爪；4—工件

二、夹钳式手爪的类型

夹钳式手爪是工业机器人手爪机构中最基本的一种，应用广泛，种类繁多。按手指数目分，可分为两指式和多指式；按夹持方式分，可分为内卡式、外夹式；按手指运动的方式和模仿人手的动作分，可分为回转型、直进型；按动力来源分，可分为弹簧式、气动式和液压式等。

1. 按手指的数目分类

(1) 两指式夹钳如图 3-8(a) 所示，为双 V 形块结构，较常应用于夹持圆柱形工件，夹钳的定位元件与夹紧元件为一体。这类结构的驱动机构需要保持两指受力方向平行。这类夹钳不适合夹持过细的工件。

(2) 多指式夹钳如图 3-8(b) 所示，多指式夹钳比两指式和双手双指式夹持工件的着力点多，所以夹持更稳固，但是对于负载能力影响不大，因为负载能力主要取决于各关节扭矩。

如图 3-8(c) 所示为双手双指式夹钳，较适用于夹持长轴类零件，以减小惯性力矩，增加运动稳定性。

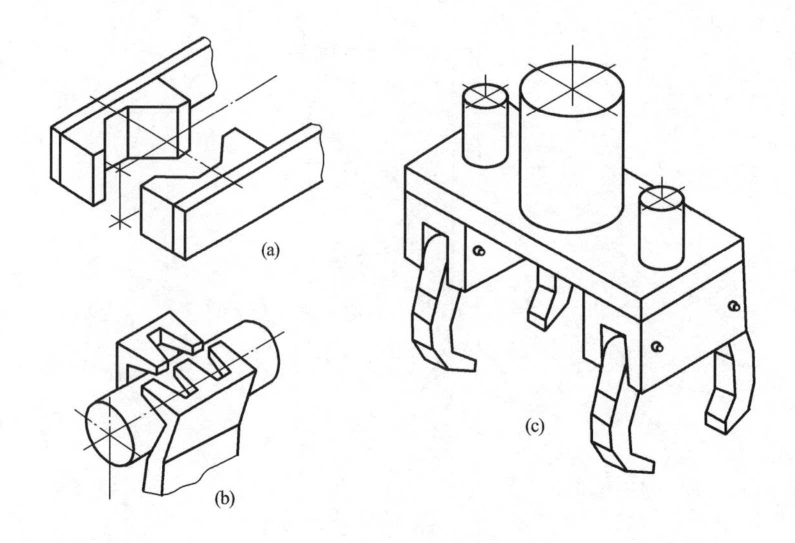

图 3-8　手指形状

2. 按夹工件持部位分类

按手指夹持工件的部位可分为内卡式和外夹式两类。

(1) 内卡式(或内涨式)[图 3-9(a)]

在抓取一些回转薄壁类工件时，需要以内孔为基准进行定位，且由于工件壁薄，若抓取外壁，容易使被抓取工件产生变形。内卡式手爪对于回转薄壁类工件能减少抓取节拍，提高工作效率。

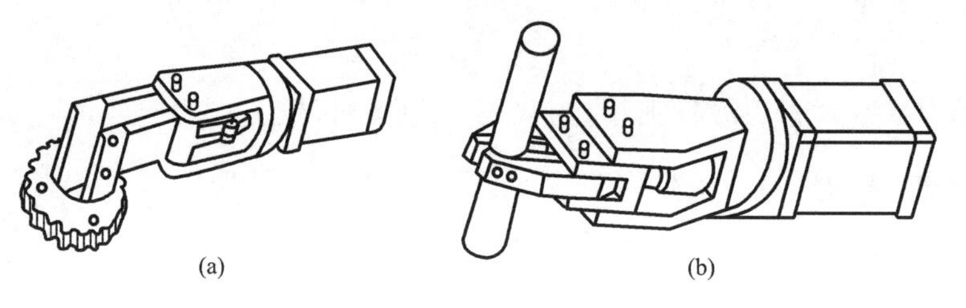

图 3-9　手指夹持工件形式

(2) 外夹式[图 3-9(b)]

外夹式手爪是夹钳式手爪中最常见的一种，由于其可实现的工作行程及最大张角范围较大，因此其应用范围广泛，除去需使用内卡式手爪外，可根据工件表面形状及其他参数来设计外夹式手爪。

3. 按移动形式分类

按模仿人手手指的动作，手指可分为一支点回转型[图 3-10(a)]，二支点回转型[图 3-10(b)]和移动型[或称直进型，图 3-10(c)]。

(1) 一支点回转型

一支点回转型和二支点回转型为基本型，其中当二支点回转型手指的两个回转支点的距离缩小到无穷小时，就变成了一支点回转型手指，即以点 1 处转动副为支点，形成两手指的相对转动，实现抓取；一支点回转型结构相对简单，适合体积小、外表面为回转体、可采用中心定位的工件。

(2) 二支点回转型

二支点回转型即以点 1 和点 2 两个转动副为支点，形成两手指分别相对杆 1、2 的转动，实现抓取；二支点回转型的最大行程相对较大，可抓取体积较大的工件，适用于多种表面形状的工件。

(3) 移动型

通常以一根手指不动作为夹取基准，另一根手指沿竖直方向移动实现抓取，同理，当两支点回转型手指的手指长度变成无穷长时，就成为移动型。

回转型手指开闭角较小，结构简单，制造容易，应用广泛。移动型应用较少，其结构比较复杂庞大，但移动型手指夹持直径变化的工件时不影响其轴心的位置，能适应不同直径的工件。

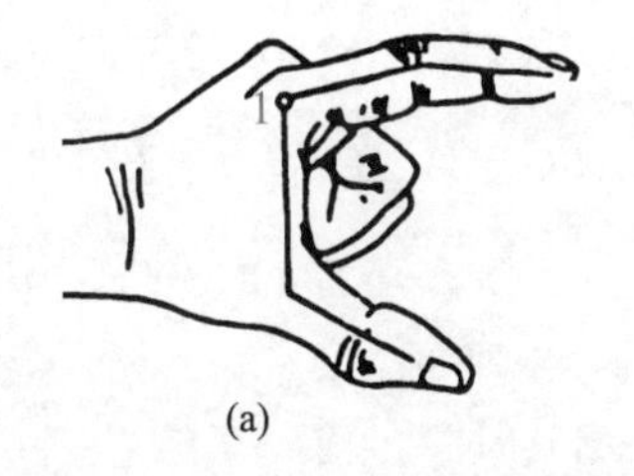

(a)

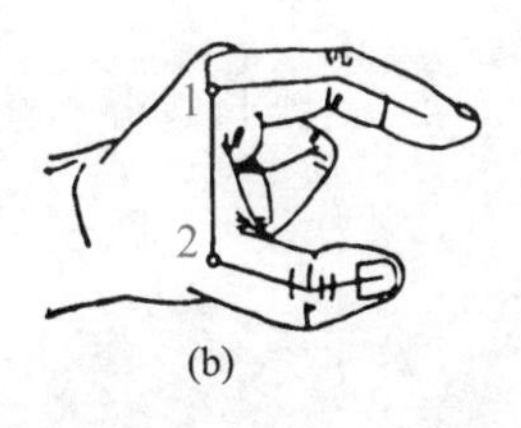

(b)

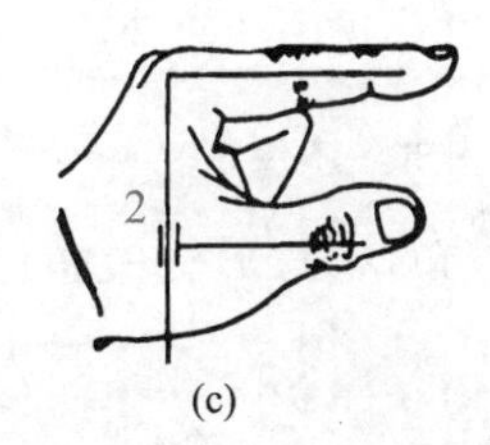

(c)

图 3-10　手部形状

单元三 夹钳式手爪的夹紧力计算

不同形式的夹钳式手爪，其夹紧力的计算各不相同，现以外夹两指滑槽杠杆式机构为例(图 3-11) 对夹紧力进行分析。

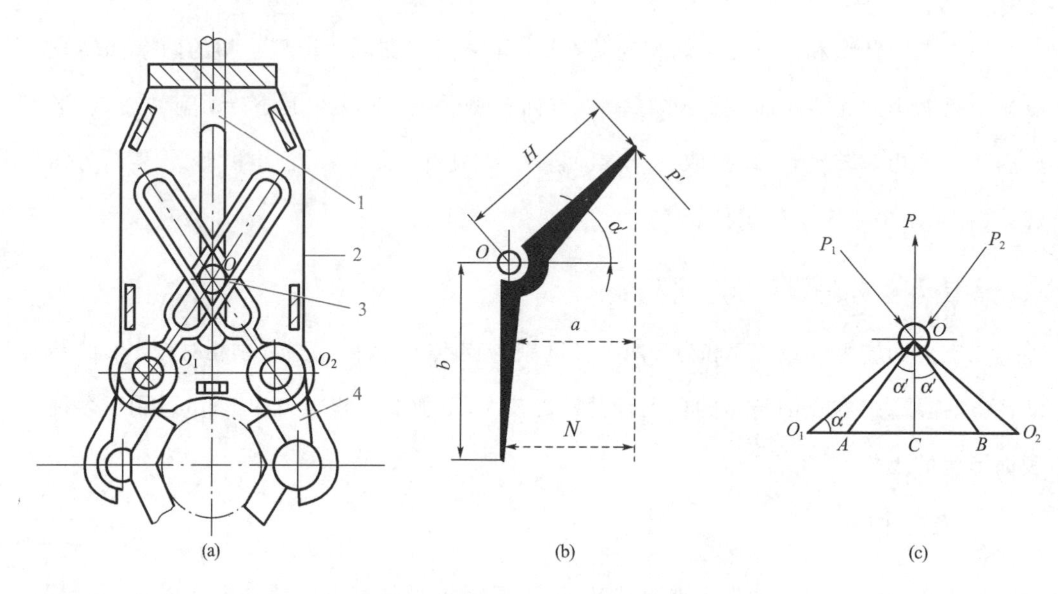

图 3-11 外夹两指滑槽杠杆式机构

1—拉杆；2—手架；3—圆柱销；4—手爪；

拉杆端部有固定结构圆柱销，当拉杆向上移动时，圆柱销在滑槽中移动，其带动手爪绕 O_1、O_2 两支点转动，实现夹紧。设 P 为驱动力，N 为手爪的夹紧力。首先分析圆柱销的受力情况。拉杆给圆柱销向上的拉力为 P，力的方向沿拉杆背离 O 点，作用点为圆柱销中心点 O，两手爪滑槽对圆柱销的作用力分别为 P_1、P_2，且 $P_1 = P_2$，力的方向分别垂直于滑槽轴线 OO_1、OO_2，并指向 O 点，其延长线分别交 O_1O_2 于 A、B 两点，如图 3-11(b)所示。三角形 O_1OB 和三角形 O_2OA 均为直角三角形，故 $\angle AOC = \angle BOC = \alpha'$。由圆柱销的平衡条件 $\sum F = 0$ 可知：

$$P = 2P_1 \cos \alpha'$$

则

$$P_1 = \frac{P}{2\cos \alpha'}$$

圆柱销对手爪的反作用力为 P'，其大小与 P_1 相等，即 $P'=P_1$，且方向相反。工件对手爪的反作用力大小等于夹紧力 N，按照手爪的平衡条件 $\sum M_{01}=0$ 得

$$P'H = Nb$$

$$N = \frac{H}{b}P' = \frac{H}{b}P_1$$

又
$$H = \frac{a}{\cos\alpha'}$$

所以
$$N = \frac{a}{2b}\left(\frac{1}{\cos\alpha'}\right)^2 P \tag{3-1}$$

式中　a—— 手爪回转中心 O_1（或 O_2）到对称中心线的距离；

b—— 手爪回转中心 O_1（或 O_2）到 V 形钳口中心线的距离；

α'—— 滑槽方向与两回转中心（O_1O_2）间连线的夹角。

由式(3-1)可知，在驱动力 P 一定的情况下，α' 增大，则夹紧力 N 也随之增大，但 α' 过大会导致拉杆的行程过大和手爪滑槽部分尺寸增大，使手部结构尺寸增大，所以一般取 $\alpha'=30°\sim40°$。

单元四　夹钳式手爪的驱动力计算

一、驱动力的计算

驱动力的计算，就是计算手部机构夹紧工件时，驱动元件施加的驱动力 P，以便进一步确定驱动元件的参数。

当不同的手爪夹紧同一种工件时，由于各手部机构的增力倍数不同，所需的驱动力也不同。当手爪选定后，由于工件的方位不同，手爪的受力状态不同，因此所需要的驱动力也不同。图 3-12 所示为两夹钳式手爪的手部机构，由于驱动力 P 使一对平行钳口对被夹持的工件产生两个作用力 N，当忽略工件重量时（相当于夹紧一块握力表），这两个力的大小相等，N 称为由驱动力 P 产生的夹紧力。

连杆式齿轮驱动手爪

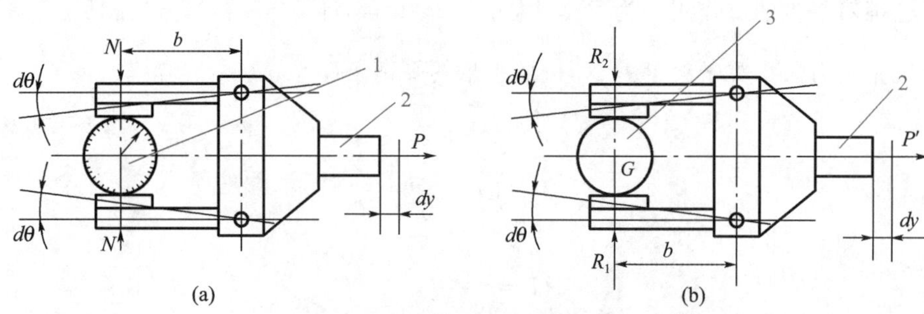

图 3-12　两夹钳式手爪的手部机构

1—握力表；2—驱动元件；3—工件

现引入“当量夹紧力”的概念。把重量为 G 的工件，按某一方位夹紧可以求出其所需的最小驱动力，这个最小驱动力所能产生的夹紧力，称为工件在这个方位的当量夹紧力。

当量夹紧力的数值与具体的手部机构形式无关。只与工件的重量 G 和它相对于手爪的放置方位有关。证明如下：

(1) 首先求 P 与 N 的关系。如图 3-12(a) 所示，当驱动力推动活塞杆移动一小段距离 $\mathrm{d}y$ 时，两个钳爪都相应产生一个微小转角 $\mathrm{d}\theta$，依据虚功原理，驱动力 P 所做功($P\mathrm{d}y$)和夹紧力 N 所做功应相等，即

$$P\mathrm{d}y = Nb\mathrm{d}\theta + Nb\mathrm{d}\theta$$

$$N = \frac{P\mathrm{d}y}{2b\mathrm{d}\theta} \tag{3-2}$$

当量夹紧力与工件重量之间的关系，如图 3-12(b) 所示，当钳爪水平夹紧重量为 G 的工件时，根据工件的平衡条件 $\sum F = 0$ 可得

$$R_1 = R_2 + G$$

可以看出：上、下夹钳对工件的夹紧力并不相等，且随驱动力的增大而增大，但 R_1 和 R_2 的差值永远为工件的重量 G。当 $R_2 = 0$，$R_1 = G$ 时，驱动力最小。这个最小驱动力可以由下述方法求出

$$P'\mathrm{d}y = R_1 b\mathrm{d}\theta + R_2 b\mathrm{d}\theta$$

将 $R_1 = G$，$R_2 = 0$ 代入上式得

$$P' = Gb\frac{\mathrm{d}\theta}{\mathrm{d}y} \tag{3-3}$$

由 P' 所产生的夹紧力 N'，即当量夹紧力。将式(3-3) 代入式(3-2)，得

$$N' = \frac{P'}{2b}\frac{\mathrm{d}y}{\mathrm{d}\theta} = Gb\frac{\mathrm{d}\theta}{\mathrm{d}y}\frac{1}{2b}\frac{\mathrm{d}y}{\mathrm{d}\theta} = \frac{G}{2}$$

从计算结果可以看出，当量夹紧力 N' 与具体的手部机构方案无关。不同的手部机构的增力倍数特性$\frac{d\theta}{dy}$不一样，而当量夹紧力与$\frac{d\theta}{dy}$无关，只与工件的重量和它相对于钳爪的放置方位有关。

工件相对钳爪的各种不同放置方位的当量夹紧力计算公式见表 3-1。

表 3-1　　当量夹紧力的计算公式

夹钳式手爪与工件方位	钳口与工件形状	
	平钳口夹方料	V形钳口夹圆棒料
水平位置夹钳式手爪，夹持水平放置的工件	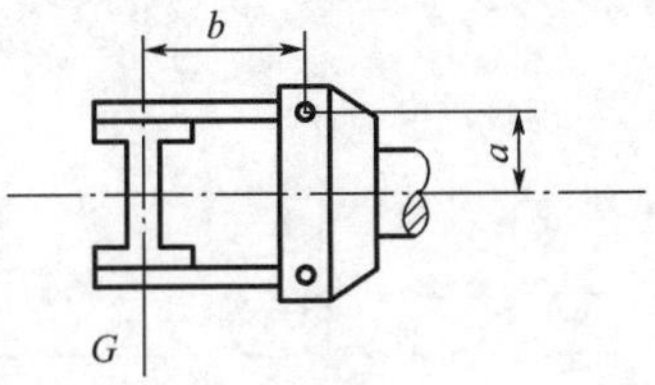 $N' = 0.5G$	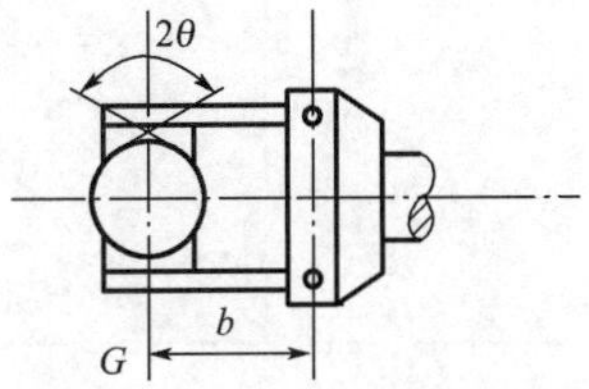 $N' = 0.5G$
水平放置夹钳式手爪夹持垂直放置的工件	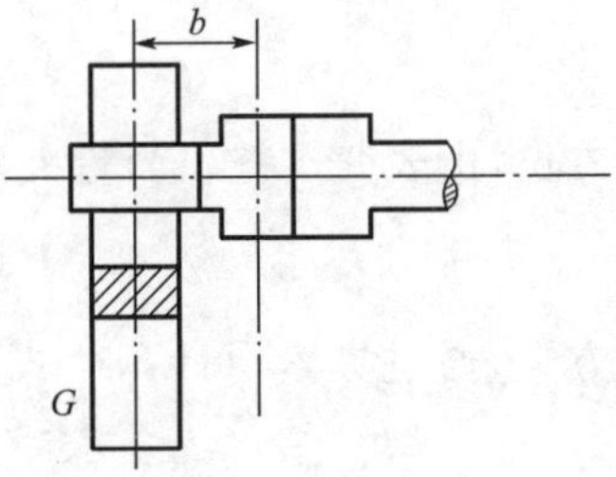 $N' = \frac{0.5}{f}G$ 粗略计算 $N' \approx 5G$	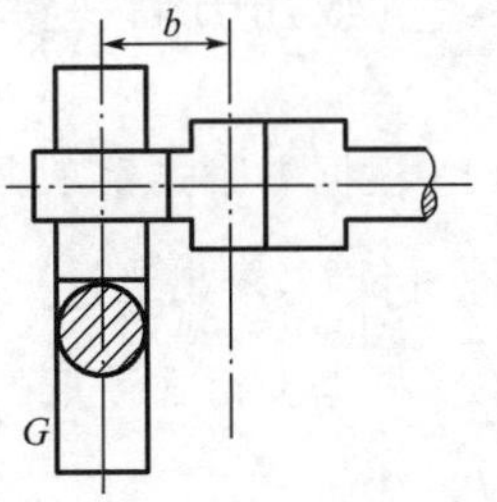 $N' = \frac{0.5\sin\theta}{f}G$ 粗略计算 $N' \approx 4G$
垂直放置夹钳式手爪夹持水平放置的工件	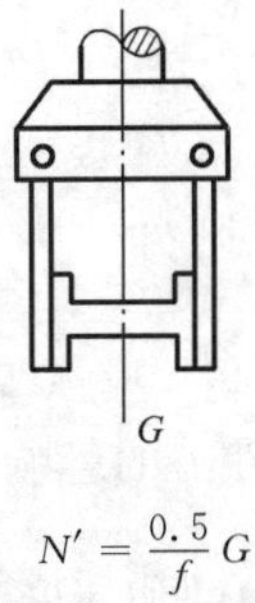 $N' = \frac{0.5}{f}G$ f— 摩擦因数，钢对钢，$f \approx 0.1$ 粗略计算 $N' \approx 5G$	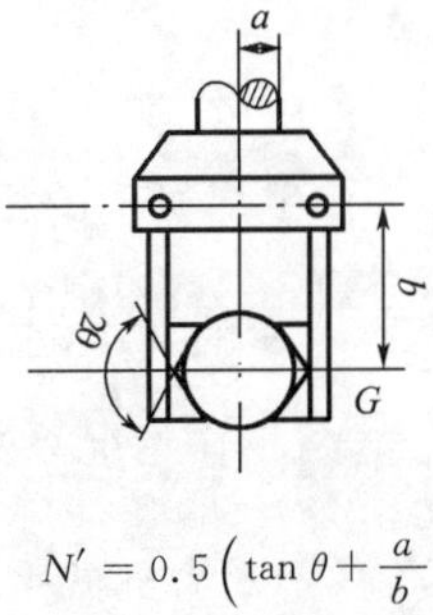 $N' = 0.5\left(\tan\theta + \frac{a}{b}\right)G$ 粗略计算 $N' \approx (0.9 \sim 1.1)G$

续表

夹钳式手爪与工件方位	钳口与工件形状	
	平钳口夹方料	V形钳口夹圆棒料
垂直放置夹钳式手爪 夹持垂直放置的工件	$N' = \frac{0.5}{f}G$ 粗略计算 $N' \approx 5G$	$N' = \frac{0.5\sin\theta}{f}G$ 粗略计算 $N' \approx 4G$

二、驱动力的计算步骤

(1) 根据夹钳式手爪夹持工件的方位，由表 3-1 查出当量夹紧力计算公式，根据已知工件重量 G，求出当量夹紧力 N'。

(2) 根据夹钳式手爪的传动机构方案，通过夹紧力计算公式可导出驱动力 P 的计算公式。

(3) 把已求得的当量夹紧力 N' 代入求 P 的计算公式中，求得最小驱动力 $P_{计算}$（等于 P）。

(4) 根据实际情况，所采用的 $P_{实际}$ 应大于 $P_{计算}$。

$$P_{实际} = P_{计算}\frac{K_1K_2}{\eta}$$

式中　η —— 手部机构的机械效率（0.85 ～ 0.9）；

K_1 —— 安全系数（1.5 ～ 2）；

K_2 —— 工作情况系数，主要应考虑惯性力的影响。可近似按 $K_2 = 1 + \frac{a}{g}$ 估算（a 为机械手在搬运工件过程中的加速度，m/s^2，g 为重力加速度）。

单元五　夹钳式手爪的定位及定位精度

为使手爪能正确抓取工件，保证工件在工业机器人运行过程中与手爪可靠地接触，工件在手爪中必须有正确、可靠的定位要求。在工业生产中，手爪作为末端操作器，一般需要根据工件的形状定制；需分析工件的具体形状，确定定位方式及夹紧点。零件按外表面形状分，可分为板类零件、回转体表面零件和正多面体表面零件。

一、抓取定位

1. 板类零件抓取

夹钳式手爪夹取板类零件如图 3-13 所示。工作过程中，板类零件多以孔轴心线作为定位基准，一般通过手爪上的定位销抓取定位。定位销分为圆柱定位销、菱形定位销和圆锥定位销，图 3-13 中为圆柱定位销。通过气缸控制，手爪一侧由姿态1位置翻转到姿态2位置，以另一侧为支承，实现夹紧。根据工件的具体形状、重量进行受力分析，同时考虑与前、后工作过程中的其他装置不发生干涉，设定夹紧点。若工件为对称结构，夹紧点一般呈对称分布。

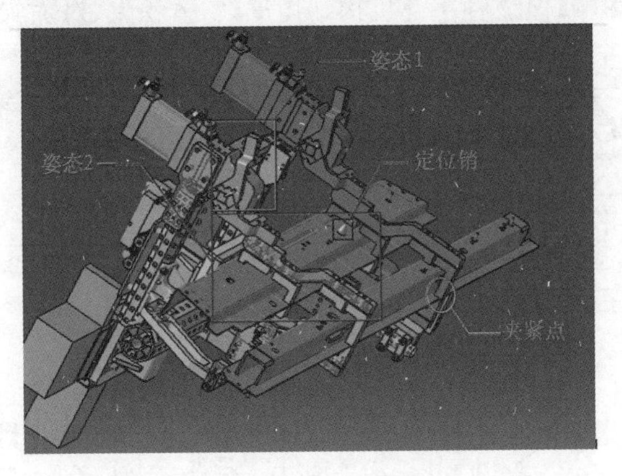

图 3-13　夹钳式手爪夹取板类零件

2. 回转体表面零件抓取

工件在手爪中以某外圆表面作为定位面，以安装于手爪本体上的套筒、卡盘或 V 形块定位。手爪的形状和套筒、卡盘或 V 形块的选取要视回转体外表面形状而定。在抓取过程中，利用手爪与回转体的形状可以实现自动对中和夹紧。夹紧点理论上应为回转体最外侧母线。例如，圆柱形工件用 V 形手指；球状工件用圆弧形三指手指。

3. 正多面体表面零件抓取

正多面体表面无其他特征时，抓取定位主要依靠工件在夹具台上位置的精准性。夹紧点设置在较长边的中心点上。正多面体表面有凹槽等特征时，夹紧点要避开该位置，以免破坏特征表面的表面精度的同时增加手爪抓取过程中产生的碰撞。

二、定位误差分析

当用夹钳式手爪抓取工件时，因工件直径的变化引起工件轴心相对于要求的定位中心有一定的偏差，这个偏差量即定位误差。当合理选取其结构尺寸和参数时，可以将定位误差控制在较小范围内，这就有可能在满足定位精度要求的条件下，尽量采用较简单的手部机构并减少其调整工作以适应成组工艺的要求。现对典型的夹钳式手爪机构加以分析。

1. 移动式手爪

如图 3-14 所示为移动式手爪。这类手部机构的定位误差为零，即工件定位精度不受工件直径变化的影响。但该种手部机构结构复杂，体积大，对加工精度要求高。

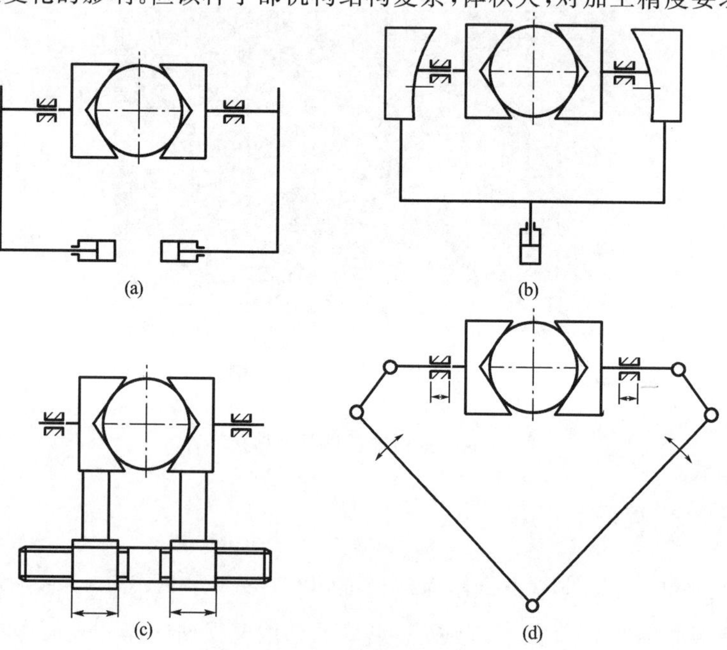

图 3-14　移动式手爪

2. 单支点回转式手爪

单支点回转式手爪是另一种基本手部机构。在多品种、小批量自动化生产中，如用它抓取不同尺寸的工件，将产生定位误差Δ（如O'_1为要求定位中心），如图 3-15 所示。但当选用合理的结构尺寸和参数时，可以使定位误差控制在较小范围内。

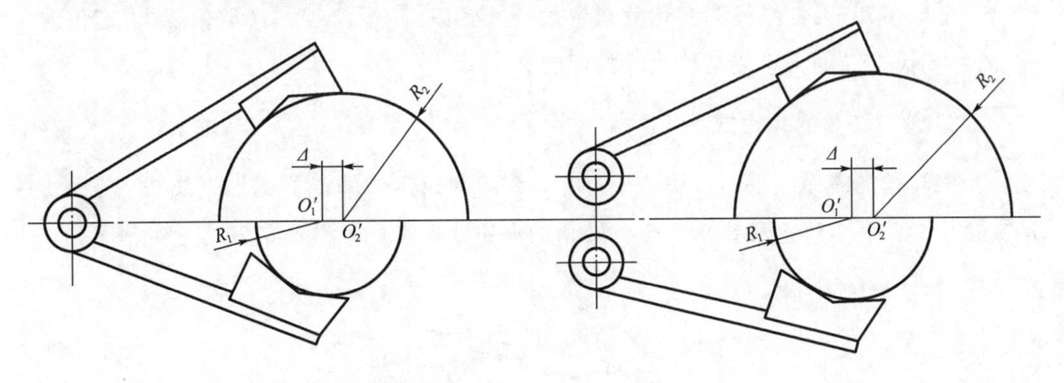

图 3-15　定位误差

(1) 不带偏转角的夹钳式手爪

不带偏转角的夹钳式手爪如图 3-16 所示，钳口 2 的中心线 BO_1 垂直于 BO，即钳口对钳爪体 1 无偏转角。O为夹钳式手爪的回转支点；α为V形钳口的半角；R(R_1或R_2)为工件半径。设工件中心 O_1 或 O_2 到 O 的距离为 x，则：

$$x^2 = \sqrt{l^2 + \left(\frac{R}{\sin\alpha}\right)^2}$$

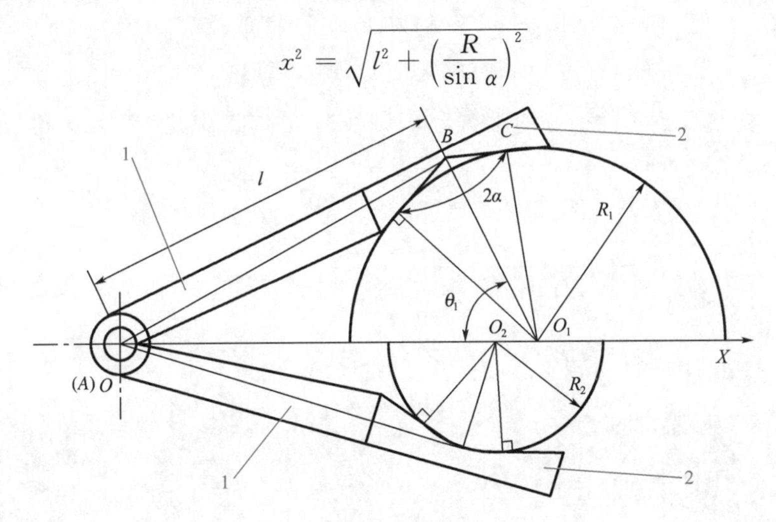

图 3-16　不带偏转角的夹钳式手爪

1—钳爪体；2—钳口

如工件半径在 $R_{\min}$ 至 $R_{\max}$ 范围内变化，其最大的定位误差（当 $R_2 = R_{\min}, R_1 = R_{\max}$ 并以 O'_2 为要求定位中心时）为

$$\Delta_{\max} = x_1 - x_2$$

$$= \sqrt{l^2 + \left(\frac{R_{\max}}{\sin\alpha}\right)^2} - \sqrt{l^2 + \left(\frac{R_{\min}}{\sin\alpha}\right)^2}$$

由上式可知，工件半径的变化范围越大，定位误差 $\Delta_{\max}$ 就越大。l 取值越大，定位误差 $\Delta_{\max}$ 越小，但 l 的大小受结构尺寸的限制。

（2）带偏转角的夹钳式手爪

带偏转角的夹钳式手爪如图 3-17 所示，钳口对钳爪体偏转了 β，即直线 OB 与 O_1B 的夹角比 90° 小 β，称这种钳爪为带偏转角的夹钳式手爪，β 称为偏转角。

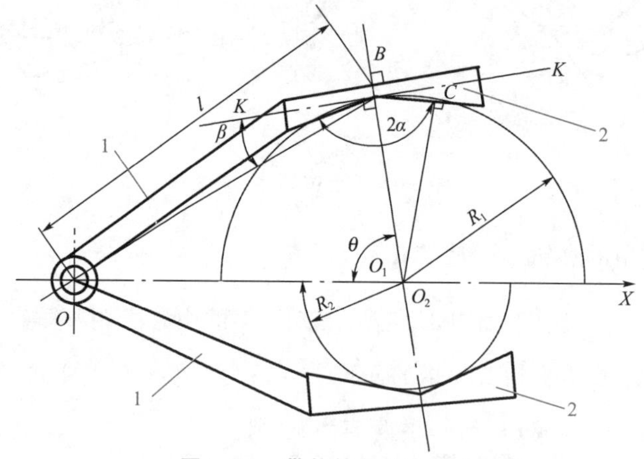

图 3-17　带偏转角的夹钳式手爪

1—钳爪体；2—钳口

设回转支点 O 到工件中心的距离为 x，则根据图 3-17 中几何关系可得

$$x = \sqrt{l^2 + \left(\frac{R}{\sin\alpha}\right)^2 - 2l\frac{R}{\sin\alpha}\cos(90° - \beta)}$$

$$= \sqrt{l^2 + \left(\frac{R}{\sin\alpha}\right)^2 - 2l\frac{R}{\sin\alpha}\sin\beta}$$

式中　l—— 钳爪体长（回转支点 O 至 V 形钳口顶 B 的长度）；

α——V 形钳口的半角；

R—— 工件半径；

β—— 偏转角；

θ—— 抓取角的半角。

为了看出半径 R 的变化对 x 的影响，将上式简化成

$$\frac{x^2}{(l\cos\beta)^2}-\frac{(R-l\sin\alpha\sin\beta)^2}{(l\sin\alpha\cos\beta)^2}=1$$

此方程为双曲线方程。由方程可知，当 $R=R_0=l\sin\alpha\sin\beta$，$R\rightarrow R_0$ 时，x 有极小值，$x_{\min}=l\cos\beta$。x 的变化曲线是以 R_0 为界左右对称的双曲线，如图 3-18 所示。

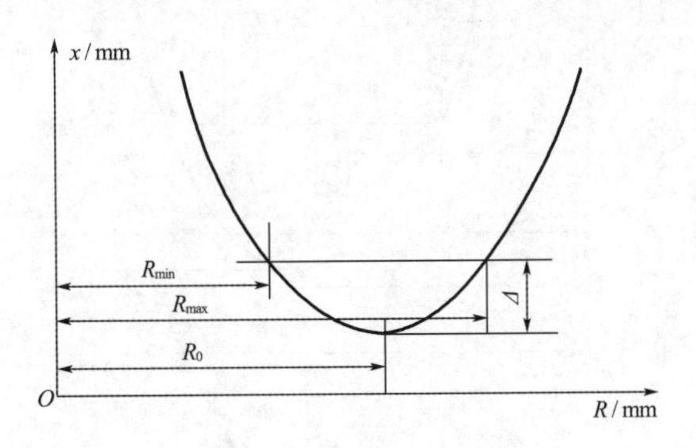

图 3-18　x 的变化曲线

显然，当 $R_{\min}<R_{\max}<R_0$ 或 $R_{\max}>R_{\min}>R_0$ 时，$R_{\max}$ 和 $R_{\min}$ 在图形对称点 R_0 的同一侧，其定位误差曲线如图 3-19 所示。

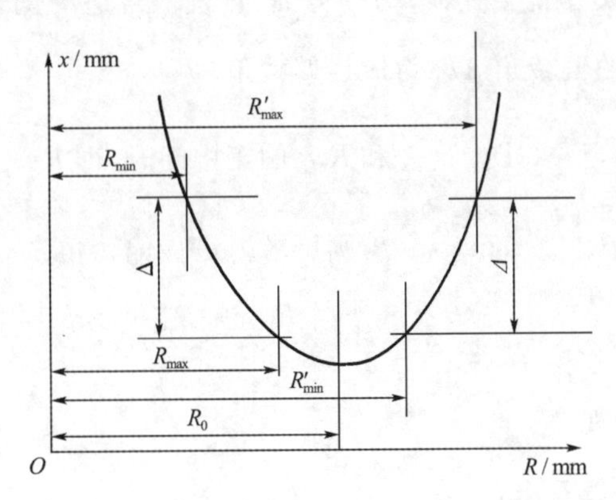

图 3-19　$R_{\max}$ 和 $R_{\min}$ 在图形对称点 R_0 同一侧的定位误差曲线

$$\Delta=\sqrt{l^2+\left(\frac{R_{\max}}{\sin\alpha}\right)^2-2l\frac{R_{\max}}{\sin\alpha}\sin\beta}-\sqrt{l^2+\left(\frac{R_{\min}}{\sin\alpha}\right)^2-2l\frac{R_{\min}}{\sin\alpha}\sin\beta}$$

当 $R_{\max}$ 和 $R_{\min}$ 在图形对称点 R_0 的两侧，定位误差取如图 3-20 所示的 Δ_1 和 Δ_2 中的最大者，而

$$\Delta_1 = \sqrt{l^2 + \left(\frac{R_{max}}{\sin\alpha}\right)^2 - 2l\frac{R_{max}}{\sin\alpha}\sin\beta} - l\cos\beta$$

$$\Delta_2 = \sqrt{l^2 + \left(\frac{R_{sin}}{\sin\alpha}\right)^2 - 2l\frac{R_{min}}{\sin\alpha}\sin\beta} - l\cos\beta$$

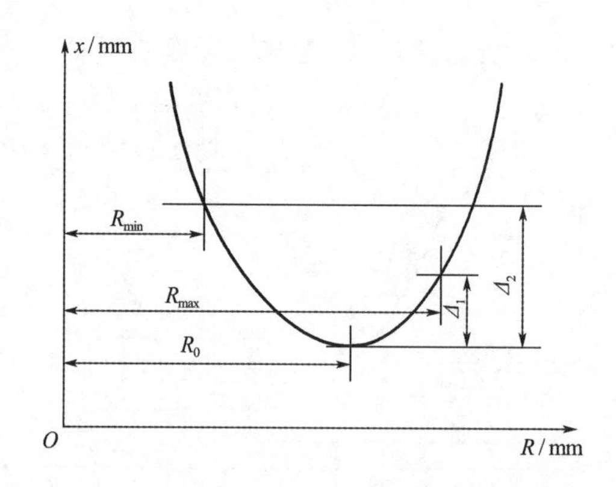

图 3-20　R_{max} 和 R_{min} 在图形对称点 R_0 两侧的定位误差曲线

上边的讨论是已知钳口尺寸时的定位误差计算。在设计夹钳式手部机构时，是按给定的 R_{max} 和 R_{min} 来确定手爪各部分尺寸的。为了减小定位误差，一方面可增大 l，但 l 过长，手部机构的结构尺寸就会变大；另一方面，可选取合适的偏转角 β，使定位误差控制在最小范围内。这时的偏转角 β 称为最佳偏转角。

由图 3-20 可知，当 R_0 处在 R_{max} 和 R_{min} 的正中间时，即 $R_0 = \frac{R_{max} + R_{min}}{2}$ 时，定位误差最小。由前述可知，$R_0 = l\sin\alpha\sin\beta$，则可求得最佳偏转角 β

$$\beta = \sin^{-1}\frac{R_{max} + R_{min}}{2l\sin\alpha}$$

这时有最小定位误差。

通过上述分析可以看出：

(1) 当手爪只抓取两种尺寸的工件时，可以使两种工件的定位误差为零。

(2) 如果只抓取一种工件，因工件尺寸偏差引起定位误差，当用最佳偏转角的方法设计手部机构的主要尺寸时，就能将定位误差控制在最小范围内。

(3) 用于上、下料的机械手，应以上料时的毛坯最大直径与下料时工件的最小直径计算最佳偏转角，以保证上、下料的定位精度。

单元六　夹钳式手爪的应用

一、零部件的搬运工作

汽车零部件的搬运工作是汽车制造过程中最基本的工作。工业机器人在这一工作中的具体应用就是进行汽车零部件的搬运和组装工作。为工业机器人安装合适的搬运工具，如法兰盘抓放工具，工业机器人可以在接收指令后到指定位置去搬运汽车零部件。在搬运工件的过程中，工业机器人可以快速、准确地完成工作，并且不会对零部件造成损坏。工作人员还可以根据汽车零部件的类型选择不同类型的抓放工具，这样工业机器人就可以实现不同汽车的搬运和组装工作，促进零部件的搬运、安装工作效率的提高，如图 3-21 所示。

二、车体的整体焊接工作

工业机器人在汽车的整体焊接工作中也有广泛应用。整体焊接工作主要应用两种焊接技术（电焊和弧焊），这是车身焊接工作的主要内容，其完成质量直接关系到焊接工作的整体工作质量。在进行汽车车体焊接工作的过程中，合理进行焊接工作的线路规划尤为重要。可以通过编写一套焊接工作的运行程序，将其加入工业机器人的整体系统中，然后给工业机器人安装合适的焊接工具，工业机器人就可以自行完成焊接工作。工业机器人在进行点焊工作时，可以提高工作的精准程度，避免发生较大误差；在进行弧焊工作时，可以为其安装智能传感器，工业机器人就可以根据程序的设定标准进行规范的弧焊工作。工业机器人还能够利用圆弧插补和直线插补的技术手段将直焊技术和弧焊技术巧妙结合，促进焊接工作的高质量完成。

三、外车喷漆和涂胶工作

工业机器人在外车喷漆工作中的主要应用是对汽车外部整体的喷漆工作和对车身连接位置进行涂胶。首先编写一套专门的喷漆程序，并添加到工业机器人的整体系统

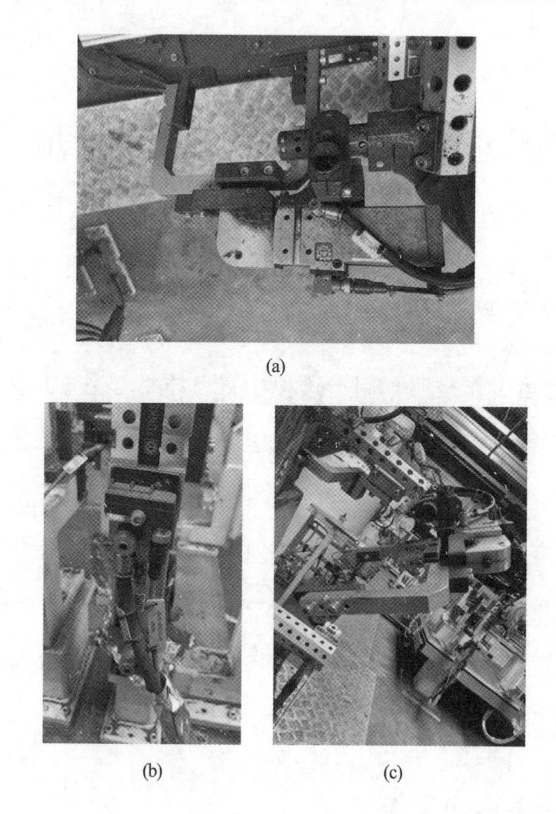

(a)

(b) (c)

图 3-21　夹钳式手爪在工业生产中的应用

中，然后为工业机器人安装专业的喷漆工具，工业机器人就会按照程序设定的标准对汽车进行喷漆，喷漆工具可以根据不同车型进行变换。工业机器人不仅提高了喷漆工作的工作质量和工作效率，还能更为精准地完成喷漆，避免了人工疏忽造成的失误，如汽车外车的喷漆厚度不均或者有明显的不平整痕迹。

四、汽车的整体装配工作

工业机器人在汽车的整体装配工作中也被充分利用。与其他工业机器人相比，装配机器人的专业化水平更高，工作的精准程度更高，可实现的工作目标更多，能够适应各种各样的工作环境。近年来，汽车制造产业的发展越来越快，对汽车制造的专业要求也越来越多。汽车由各种零部件组成，功能复杂、体积小巧的零部件越来越多，单纯的人工装配难以满足装配工作的精准要求。汽车的整体装配工作包括汽车座椅、车内电池、车灯、车窗、车内仪表、车门、发动机装置等汽车组成部分的装配。装配机器人的应用，可以

提高装配工作的效率，促进整体装配工作的有效进行。

五、汽车出厂前的验收工作

汽车生产的主要流程包括汽车各零部件的生产、车体的整体焊接工作、外部喷漆工作以及具体的装配工作。一套流程下来，基本上也就完成了一辆汽车的制造。但是在汽车投入市场进行销售之前，还有一项非常重要的工作。一辆汽车虽然制造好了，但是其安全性能和质量水平没有得到科学验收，是没有安全保障的。因此要进行必要的汽车出厂验收工作，这主要是针对汽车安全性能的检验。这是一项危险系数较高的工作，因此要减少人力的投入，避免发生意外伤害。因此利用工业机器人来进行汽车的出厂验收工作是再好不过的，比如KUKA工业机器人在进行汽车出厂验收工作时，有两大功能：一是测验控制功能，二是图像传感功能。两种功能配合工作，首先采集测试对象的图像信息，然后与标准零部件进行智能对比分析，从而实现零部件安全性能的检测工作。除此之外，工业机器人中负责碰撞测试的碰撞机器人，可以进行模拟汽车受到意外冲击的测试。在这一过程中，机器人智能化调节汽车的速率，通过宏观调控，找出让汽车在受到意外冲击时将伤害程度降到最低的方法，同时还能直观地记录汽车内部在受到不同程度冲击时的具体状态，对这些信息进行分析整合，然后对汽车的性能进行调整，促进汽车安全性能的提升。

小　结

本模块主要从设计原则、结构类型、驱动类型、传动机构及主要参数计算几个方面对夹钳式手爪加以介绍。夹钳式手爪在工业生产中应用广泛，其结构、类型多种多样。在实际生产中，多以定制化的设计满足特定的需求。因此，掌握夹钳式手爪的基本类型和主要参数设计计算十分必要。

拓展资料

素养提升

玉兔号月球车的机械手

众所周知，玉兔号月球车是中国尖端机械科技的集中体现之一。哈尔滨工业大学作为我国重点院校之一，在机械装备领域具有较强优势，玉兔号月球车机械臂的驱动电动机的制造就是由哈尔滨工业大学领衔研制的。

玉兔号月球车机械臂已经于2013年12月23日凌晨成功展开，3个关节均通过了试验，哈尔滨工业大学电气学院微特电机与控制研究所承担的机械臂关节电动机助力“玉兔”在月球上平稳行走。

自2004年以来，哈尔滨工业大学电气学院微特电机与控制研究所瞄准月球车电机开始展开研究工作。2009年初，邹继斌教授带领的团队与哈尔滨工业大学机器人研究所、宇航空间机构实验室合作进行了玉兔号月球车机械臂驱动电动机的研制工作。经过多轮样机研制和大量试验，再一次问天成功。

思考题

一、简答题

1. 设计夹钳式手爪时，要满足哪些基本原则？

2. 按夹持部位分类，夹钳式手爪可以分哪几类？

二、计算题

某液压驱动手部机构如图3-22所示，工件只做水平和垂直平移，它的移动速度为500 mm/s，移动加速度为1 000 mm/s^2，工件重量G为98 N，V形钳口的夹角为120°，$\alpha' = 30°$，$a = 50$ mm，$b = 150$ mm。

试求：拉紧液压缸的驱动力 P 和 $P_{实际}$。

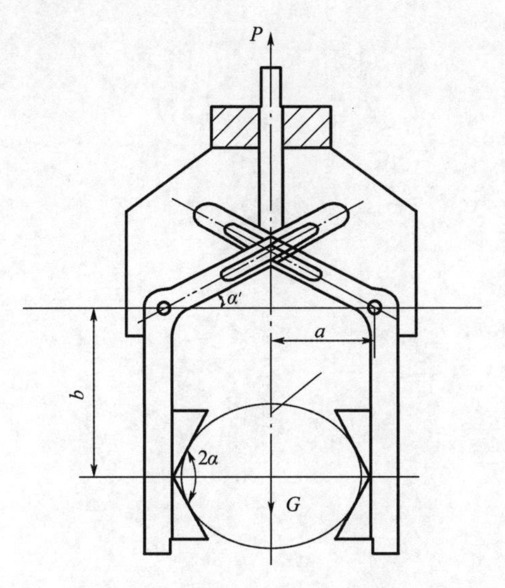

图 3-22　某液压驱动手部机构

模块四

气吸附式手爪设计

学习目标

1. 了解吸附式手爪的类型、结构、特点及应用。
2. 掌握气吸附式手爪吸附力的计算方法,能够进行吸附力的校核。
3. 掌握气吸附式手爪的设计原则与步骤。

能力目标

1. 能够根据手爪的结构和要求选择吸附元件的类型及尺寸。
2. 能够根据汽车生产企业吸附式手爪的设计流程设计简单的吸附式手爪。

素质目标

1. 通过计算与校核,培养学生辩证思维的能力。
2. 培养学生对吸附式手爪的兴趣。
3. 通过查阅产品手册,培养学生的信息检索能力。

单元一　气吸附式手爪的结构与特点

吸附式手爪依靠吸附力将工件吸住，实现搬运、迁移过程中的“拿”与“放”。吸附式手爪与夹钳式手爪相比，具有结构简单、质量小、吸附力分布均匀等优点。对于薄片状物体（如板材、纸张、玻璃等）的搬运更具有优越性，特别是在物料表面不允许有摩擦、夹持痕迹的情况下，吸附式手爪优势明显。目前，在包装、注塑、太阳能、汽车制造、玻璃、电子等领域，吸附式手爪均具有广泛应用。

根据吸附力的不同，吸附式手爪分为气吸附式（气吸式）和磁吸附式（磁吸式）两种。

气吸附式手爪利用真空泵或以压缩空气为动力的喷嘴所射出的高速气流，使吸附机构（一般为吸盘——用橡胶或软性塑料制成的皮碗）内腔形成真空，借助大气压力将工件吸附在吸附机构上，其基本原理是利用吸盘内的压力和大气压之间的压力差而工作的。

磁吸附式手爪利用磁吸附力取料，常见的有两种形式：一种是电磁铁通电后产生电磁吸附力；另一种是磁性吸盘内的磁体在气体压力作用下移动靠近工件产生磁吸附力。磁吸式手爪只能对铁磁物体起作用，对某些不允许有剩磁的零件禁止使用，因此，磁吸附式手爪的使用有一定的局限性。本模块将重点围绕气吸附式手爪展开讲解。

一、气吸附式手爪的工作原理与分类

气吸附式手爪是利用真空泵或以压缩空气为动力的喷嘴所射出的高速气流，使吸附机构（一般为吸盘——用橡胶或软性塑料制成的皮碗）内腔形成真空，借助大气压将工件吸附在吸附机构上的，其基本原理是利用吸盘内的压力和大气压之间的压力差而工作的。按形成压力差的方法不同，气吸附式手爪可分为真空吸附式、气流负压式和挤压排气负压吸附式三类。

1. 真空吸附式手爪

真空吸附式手爪主要是利用真空度，依靠大气压的作用将工件和真空吸盘表面压得很紧而吸住工件。如图 4-1 所示，通气口与真空发生装置相接，当真空发生装置启动

后，通气口通气，真空吸盘内部的空气被抽走，形成了压力为 P_2 的真空状态。此时，真空吸盘内部的空气压力小于吸盘外部的大气压 P_1，即 $P_2 < P_1$，工件在外部大气压的作用下被吸起。真空吸盘内部的真空度越高，产生的吸附力越大，真空吸盘与工件之间贴得越紧。反之，真空吸盘内部的真空度越低，产生的吸附力越小，真空吸盘与工件之间贴合越不紧密。

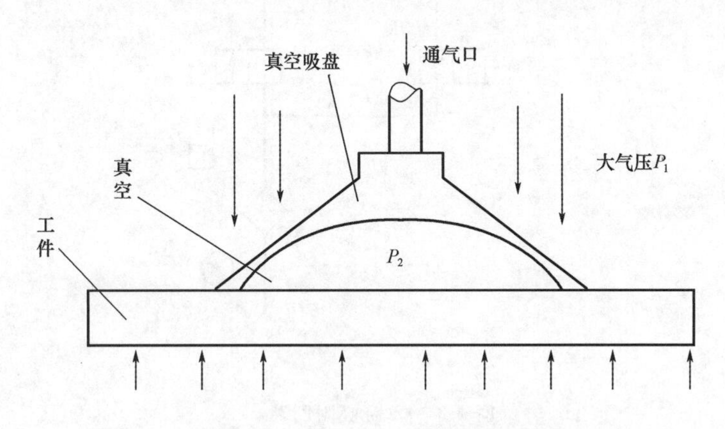

图 4-1　真空吸附式取料手的工作原理

如图 4-2 所示为真空吸盘控制系统，由电动机、真空泵、电磁阀、真空吸盘和管路等部分组成。其工作原理是：真空吸盘与工件表面接触，当电磁阀 3 通电时，电磁阀 3 的连通状态从左位切换到右位，电磁阀 5 断电，阀的连通状态保持在左位，真空泵管路与真空吸盘管路接通抽气，真空吸盘内部形成真空度，在外界大气压的作用下，工件与真空吸盘紧密贴合，实现工件的吸附。当电磁阀 5 通电时，电磁阀 5 切换到右位，电磁阀 3 断电，电磁阀 3 保持在左位，此时真空吸盘内腔与大气接通，真空吸盘内的真空度消失，释放工件。一个完整的真空泵真空吸附回路还包括过滤器、节流阀、压力表、真空压力开关、真空罐等元器件，如图 4-3 所示。

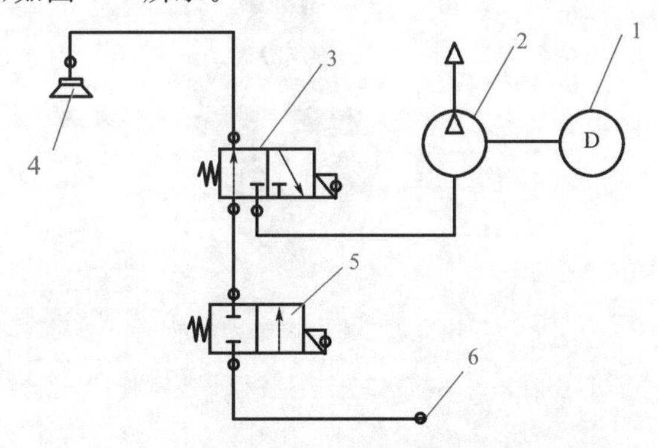

图 4-2　真空吸盘控制系统

1—电动机；2—真空泵；3、5—电磁阀；4—真空吸盘；6—管路

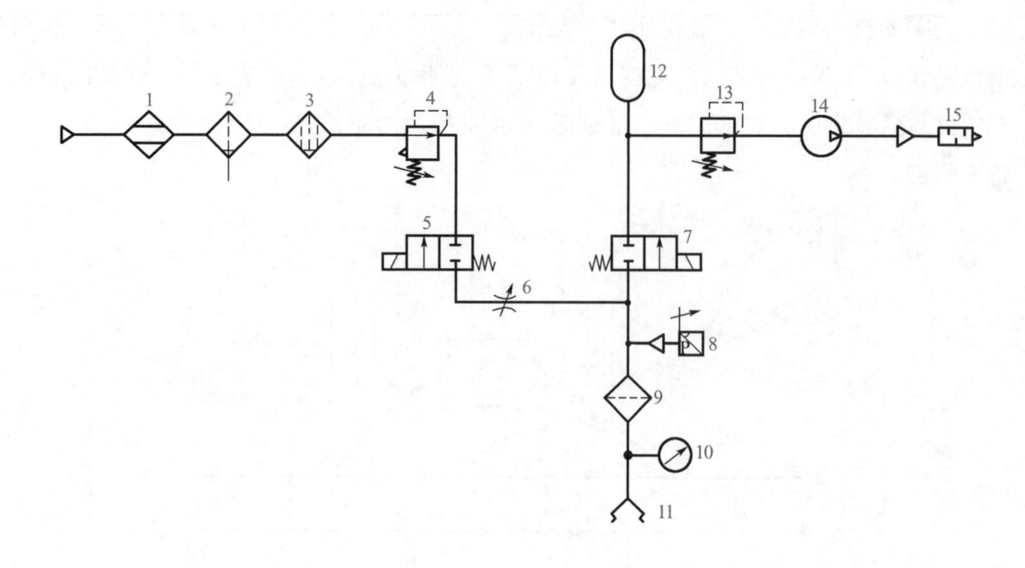

图 4-3　真空吸附回路

1—干燥器;2—过滤器;3—油雾分离器;4—减压阀;5—真空破坏阀;6—节流阀;
7—真空切换阀;8—真空压力开关;9—真空过滤器;10—压力表;11—真空吸盘;
12—真空罐;13—真空减压阀;14—真空泵;15—消声器

如图 4-4 所示,多个真空吸盘并列使用可增大吸附力。真空吸盘通过固定环安装在支承杆上。支承杆由连接件固定在基板上。为避免在取料和放料时产生撞击,有的吸盘机构还在支承杆上配有弹簧,起到缓冲作用。取料时,真空吸盘与物体表面接触,真空吸盘的边缘既起密封作用,又起缓冲作用。然后真空抽气,真空吸盘内腔形成真空,实施吸附取料。放料时,管路接通大气,失去真空,释放物料。

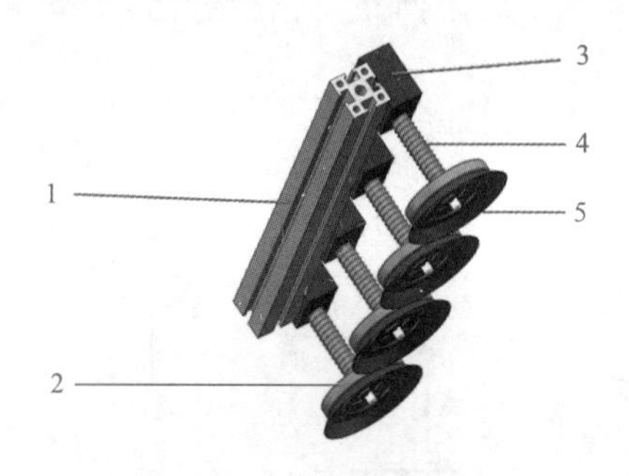

图 4-4　真空吸附式手爪

1—基板(型材);2—弹簧;3—连接件;4—支承杆;5—真空吸盘

为了更好地适应物体吸附面的倾斜状况，有的吸附机构在橡胶吸盘背面设计有球铰链，如图 4-5 所示。球铰链中的万向球可以在空间自由摆动，调整吸盘至最佳吸附角度。

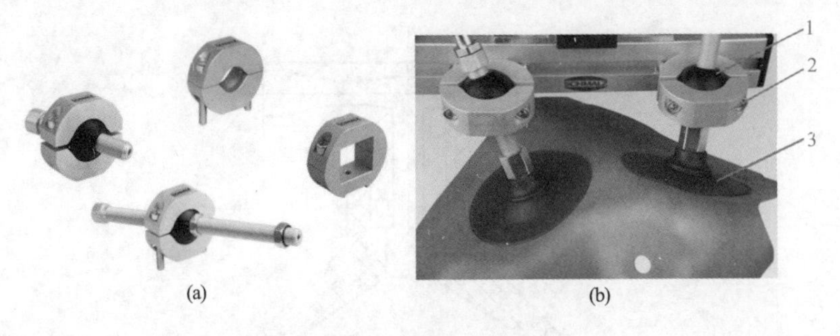

图 4-5　万向球接可调固定夹

1—万向球；2—球形夹；3—吸盘

真空吸附式手爪的优点是吸料可靠、吸附力大，缺点是需要真空泵系统，因而成本较高。

2. 气流负压式手爪

气流负压式手爪是利用流体力学的原理：气体在稳定流动状态下，单位时间内气体经过喷嘴的每一个截面的气体质量均相等。因此在截面面积大的地方压强高、流速低，而在截面面积小的地方压强低、流速高。如图 4-6 所示，压缩空气从左侧喷嘴进入，喷嘴横截面积收缩，气体流速增大，当气体流过横截面收缩到最小处时气体流速达到临界速度，然后管路横截面积逐渐增大，使得与吸盘相通的吸气口处气体被高速流体卷带走，在吸盘内部形成负压吸住工件。吸盘直径越大，负压作用面积越大，产生的吸附力也就越大。

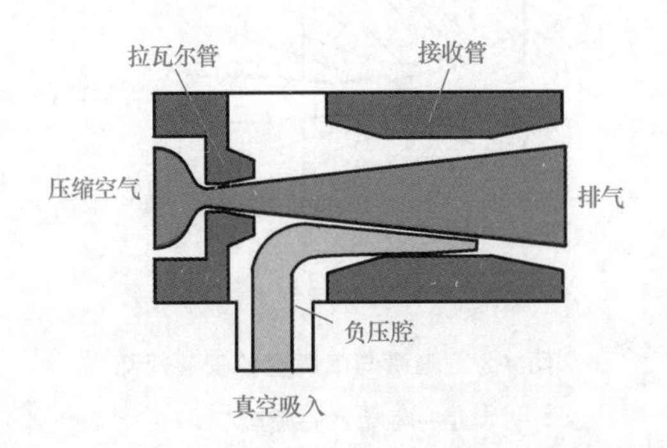

图 4-6　喷射气流负压产生原理

如图 4-7 所示为气流负压式吸盘。当需要取料时，压缩空气高速流经喷嘴，其出口处的气压低于吸盘腔内的气压，于是吸盘腔内的气体被高速气流带走而形成负压，完成取料动作；当需要释放时，切断压缩空气即可。

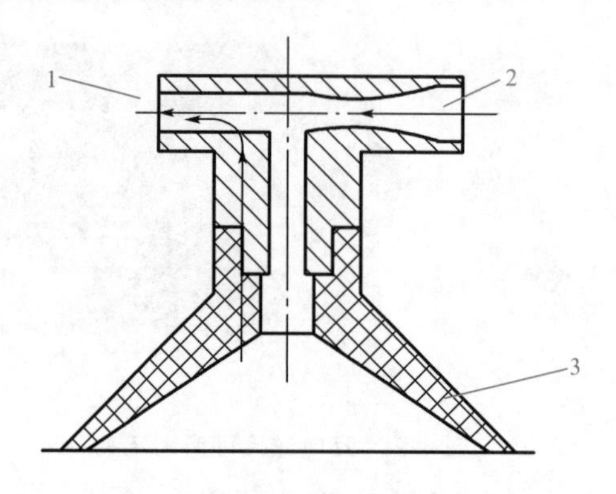

图 4-7　气流负压式吸盘

1—压缩空气出口；2—压缩空气入口；3—吸盘

从一般气体流速增速而建立低压区，必须使管道截面积先收缩到某一最小截面积 S_{min}，然后扩大，这种喷嘴称为缩收喷嘴，也称为拉瓦尔喷嘴。为了使喷嘴更有效地工作，喷嘴与喷嘴套之间应有适当的间隙，以便将被抽气体带走。如图 4-8 所示，当间隙太小时，喷射气流和被抽气体将由于与壁套的摩擦而使速度降低，因而降低了抽气速率；当间隙太大时，离喷射气体越远的气体被带着向前运动的速度就越低，同时间隙过大，从喷嘴套处反流回来的气体也越多，这就使抽气速率大大地降低了。因此，间隙要适宜，最好使喷嘴与喷嘴套之间的间隙可以调节，以便喷嘴有效地工作。如图 4-9 所示为可调的喷射式负压吸盘结构，喷嘴与喷嘴套的相对位置是可以调节的。

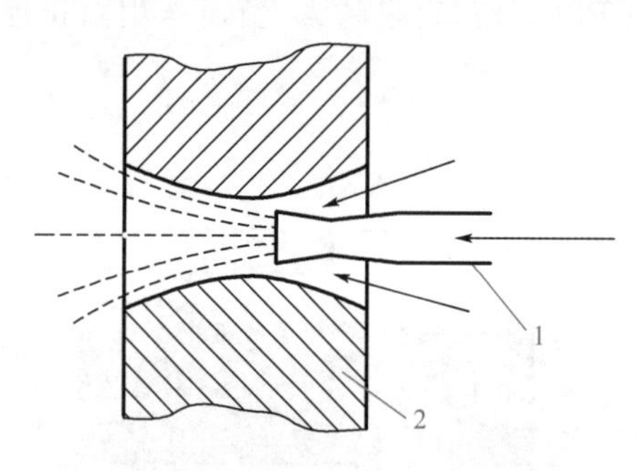

图 4-8　喷嘴与喷嘴套的安装间隙

1—喷嘴；2—喷嘴套

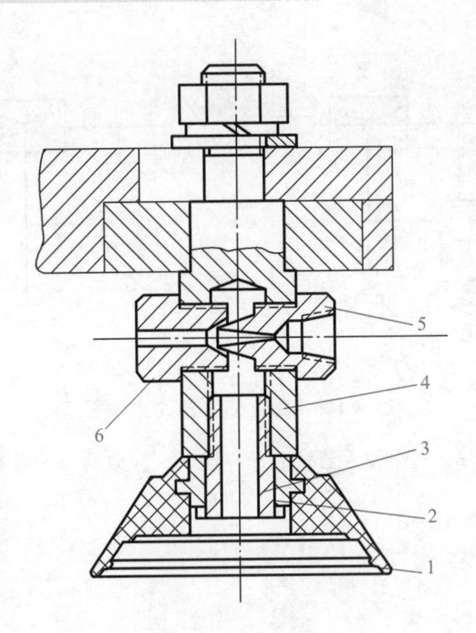

图 4-9　可调的喷射式负压吸盘结构

1—橡胶吸盘；2—吸盘芯；3—通气螺钉；4—吸盘体；5—喷嘴；6—喷嘴套

气流负压式手爪需要的压缩空气在工厂里较易取得，故成本较低，特别是工厂里设有压缩空气站时，采用气流负压式取料手非常方便。

实际生产中，气流负压式手爪一般使用真空发生器产生真空度。真空发生器利用喷管高速喷射压缩空气，在喷管出口形成射流，从而产生卷吸流动。在卷吸的作用下，使喷管出口周围的空气不断被抽吸，使吸附腔内的压力降至大气压以下，形成一定的真空度。这种取料手适用于真空度不高、间歇工作的场合。

如图 4-10 所示为真空发生器的工作原理。图 4-10(a) 所示为吸气状态，喷管喷射高速压缩空气，迫使换向阀保持在断开的状态，压缩空气通过真空发生器卷吸真空管路中的空气使其形成一定的真空度，此时吸盘就可以吸附工件了。图 4-10(b) 所示为通气状态，当停止喷射高速压缩空气时，换向阀在弹簧的作用力下恢复到接通的状态，真空管路与大气相通，释放工件。如图 4-11 所示为使用真空发生器的真空回路。这种回路往往是正压系统的一部分，同时组成一个完整的气动系统。

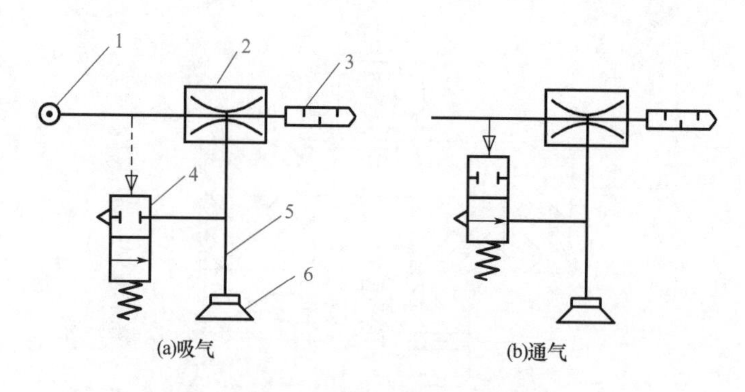

图 4-10　真空发生器的工作原理

1—压缩空气；2—真空发生器；3—消声器；4—换向阀；5—真空管路；6—吸盘

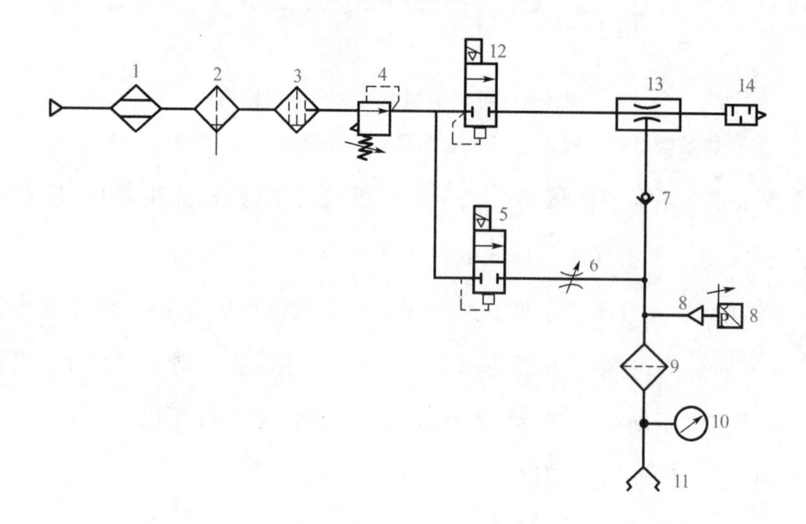

图 4-11　真空发生器的真空回路

1—干燥器；2—过滤器；3—油雾分离器；4—减压阀；5—真空破坏阀；
6—节流阀；7—单向阀；8—真空压力开关；9—真空过滤器；10—压力表；11—吸盘；
12—真空切换阀；13—真空发生器；14—消声器

如图 4-12 所示为气流负压式手爪的应用实例。真空发生器使得喷嘴出口周围的空气不断被抽吸，在吸盘内部形成一定的真空度，从而在大气压的作用下工件被吸附。实际使用中，为了保证工作安全可靠，一般要求每个吸盘必须单独配置一个真空发生器，不允许出现一个真空发生器带两个或两个以上吸盘的情况。

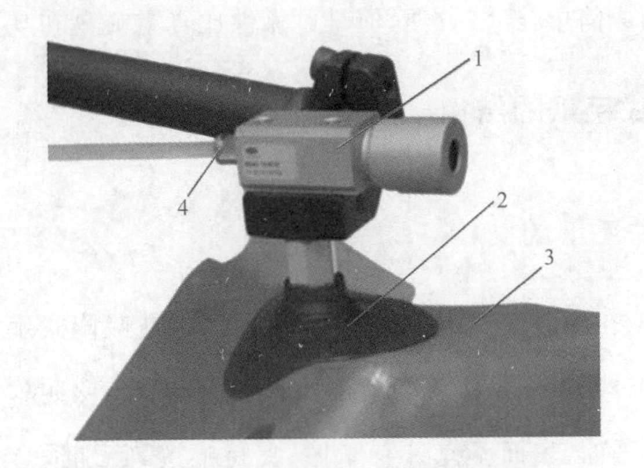

图 4-12　气流负压式手爪的应用实例

1—真空发生器；2—吸盘；3—工件；4—压缩空气入口

3. 挤压排气吸附式手爪

对于一些片状的轻小物体，可以采用橡胶吸盘挤压物料工作表面，靠挤压力作用使吸盘内的空气被挤出，造成负压将工件吸住。如家装吊顶，用一个手持小吸盘压在吊顶一角，挤出吸盘与吊顶表面空间的空气，即可轻松地拆卸吊顶。挤压排气吸附式手爪如图 4-13 所示，取料时吸盘压紧工件，吸盘变形，挤出腔内多余的空气，手爪上升，靠吸盘的恢复力形成负压，将物体吸住。释放时，压下压盖，使密封垫抬起，吸盘腔与大气相连通而失去负压，释放工件。这种手爪结构简单，但吸附力小，吸附状态不易长期保持，适用于吸附质量小、小片状工件。

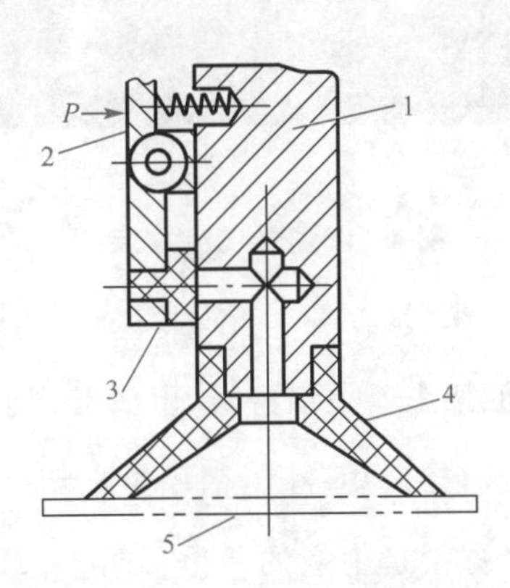

图 4-13　挤压排气吸附式手爪

1—吸盘架；2—压盖；3—密封垫；4—吸盘；5—工件

挤压排气吸附式手爪主要零部件是挤气负压吸盘，它不需要真空泵，也不需要压缩

空气气源，故系统构成简单，经济方便，但是可靠性比真空吸盘和气流负压吸盘差。

二、气吸附式手爪的结构

1. 真空吸附式手爪的结构

真空吸附式手爪在工业生产中比较常见，下面以真空吸附式手爪为例来介绍手爪的结构。如图 4-14 所示为国产某车型的真空吸附式手爪。天窗为光滑的大平面，表面不允许有摩擦、夹持痕迹，特别适合使用气吸附式手爪完成取料、移位、放料动作。图 4-14 中，真空吸盘通过连接件固定在铝型材框架上，由真空系统在真空吸盘内形成一定的真空度，真空吸盘便可吸附天窗，帮助工人完成天窗取料、移动、放料和安装工作。取料手的结构、真空吸盘的数量、吸附位置可以根据抓取工件的具体结构、尺寸和重量来进行设计、布置。

主体框架类型(铝型材)

图 4-14　真空吸附式手爪

1—铝型材框架；2—真空吸盘；3—天窗

如图 4-14 所示，手爪的框架主要是铝型材，市面上这类型材的尺寸、型号已经有对应的企业标准，可以根据需要直接选用。除了铝型材框架外，常见的还有八角管和圆管框架。如图 4-15 所示，八角管框架是中空的八边形管子，每个平面上均布安装孔，可以根据实际需求进行固定与安装。目前，市面上的八角管尺寸与规格已经是系列化、标准化的，与八角管相配的连接件和紧固件也有相应的企业标准，可以方便地在市场上购买，设计、组装也非常方便。

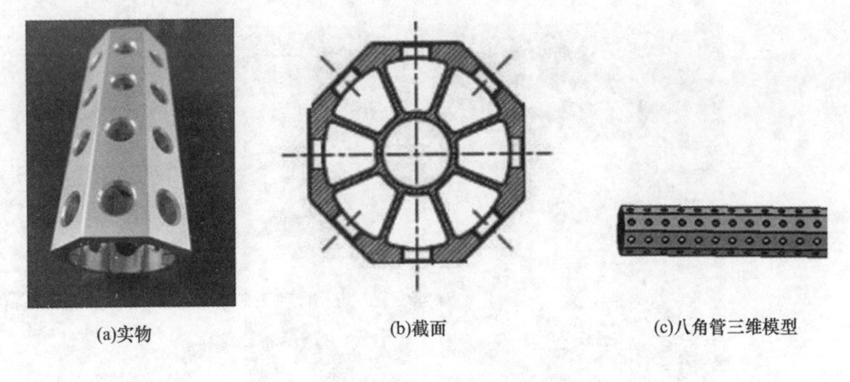

(a)实物　(b)截面　(c)八角管三维模型

图 4-15　八角管

如图 4-16 所示为真空吸盘与八角管连接。其中固定座也称为垂直连接件，主要是将吸盘组件与八角管连接，连接件也称为交叉连接件，主要实现空间方向交叉的固定座与支撑杆连接。

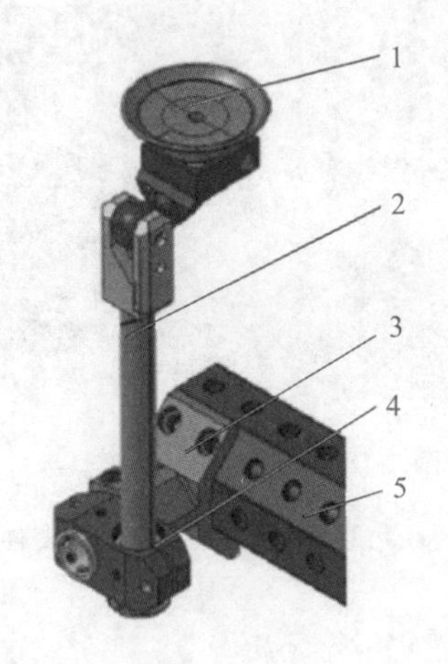

主体框架
(角管)

图 4-16　真空吸盘与八角管连接

1—真空吸盘；2—支撑杆；3—固定座；4—连接件；5—八角管

如图 4-17 所示为真空吸盘与圆管连接。圆管相比于八角管的优点是制造简单，缺点是圆管的连接件与固定件需要针对性地设计制造，市面上很难买到合适的连接件。

如图 4-18 所示为吸附式车顶取料手，该车顶取料手由 4 根八角管连接成井字形框架，在八角管框架上布置 6 个真空吸盘，吸取车顶。取料手通过法兰盘与工业机器人连接。

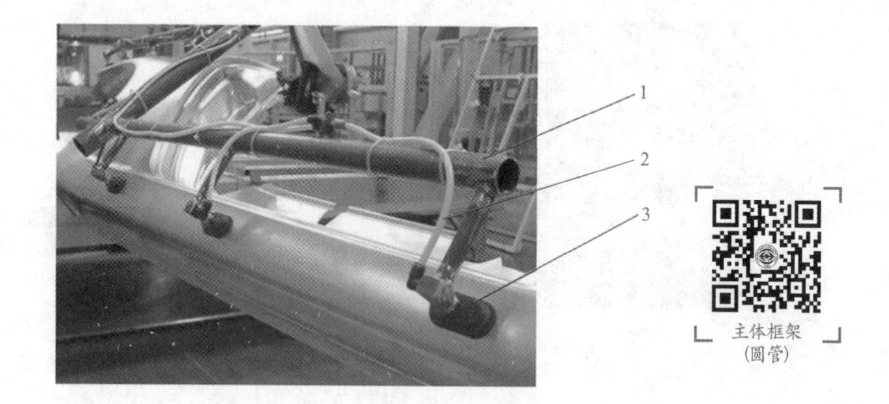

图 4-17　真空吸盘与圆管连接

1—圆管；2—气管；3—真空吸盘

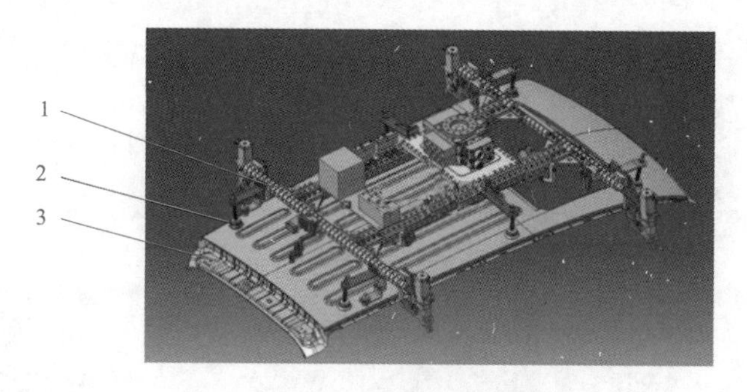

图 4-18　吸附式车顶取料手

1—八角管框架；2—吸盘；3—工件

2. 吸盘的结构

吸盘是气吸附式手爪的重要部件，一般由橡胶材料和金属骨架压制而成。通常靠吸盘上的螺纹直接与真空泵或真空发生器的管路连接。真空吸盘一般分为普通型和特殊型两大类。普通型吸盘的橡胶部分多为碗状，但也有矩形、圆弧形等异形形状；特殊型是为了满足某些特殊使用场合（如带孔工件、轻薄件及表面不平工件的吸附）而专门设计制造的。

(1) 普通型吸盘

普通型吸盘结构简单，适用于吸附抓取表面平整或微曲的工件，如薄钢片、平面玻璃等。目前常见的普通型橡胶吸盘有以下三种：

①不带皱纹的普通型吸盘

吸盘内部为不带皱纹的光滑曲面，其结构简单，制造容易，吸附力小，如图 4-19 所示。

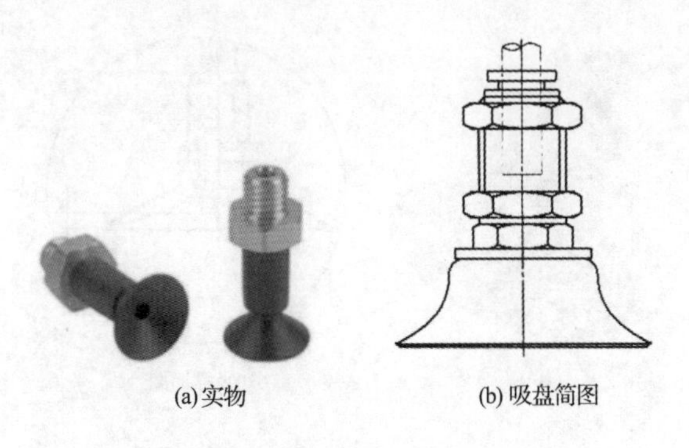

图 4-19　不带皱纹的普通型吸盘

②带皱纹的普通型吸盘

吸盘内带皱纹，并在边缘处压有 3 ～ 5 个同心凸台，以保证吸盘吸附的可靠性，吸附力较大，如图 4-20 所示。ϕ55 mm、ϕ70 mm、ϕ110 mm 的同心凸台可以更好地贴合，起到密封作用，保证吸盘吸附可靠。

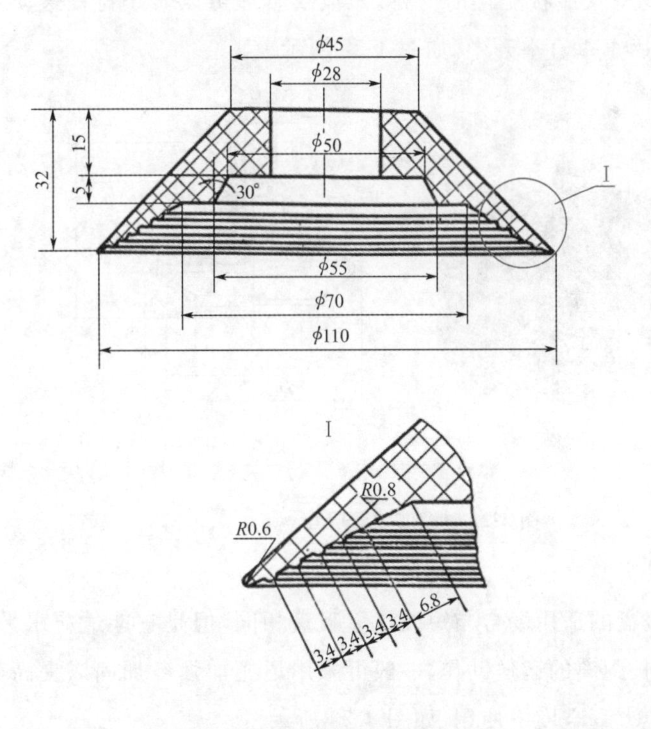

图 4-20　带皱纹的普通型吸盘

③带有加强筋的普通型吸盘

吸盘内部带有加强筋，可以提高吸盘的强度，延长吸盘使用寿命，如图 4-21 所示，吸盘内有 6 个凸起的加强筋。

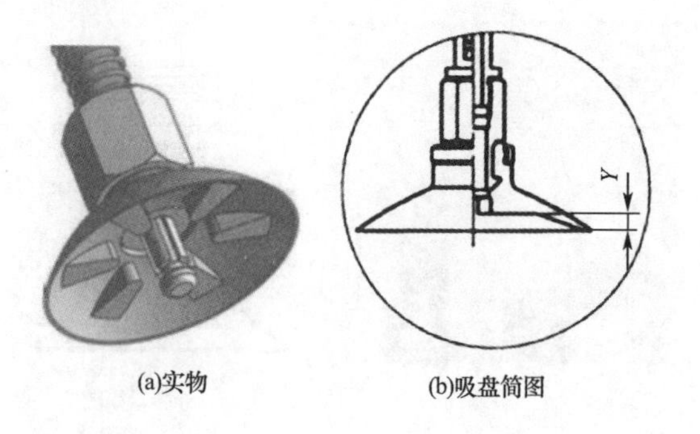

(a)实物　　(b)吸盘简图

图 4-21　带加强筋的普通型吸盘

(2) 特殊型吸盘

①短波纹管吸盘

短波纹管吸盘适用于需要水平调整的场合。一套吸附装置由几个短波纹管组成，用以抓取具有高度差及形状变化的物料。短波纹管还可以做小行程移动，用来分离小工件，但是它很少用于垂直举升中。如图 4-22 所示。

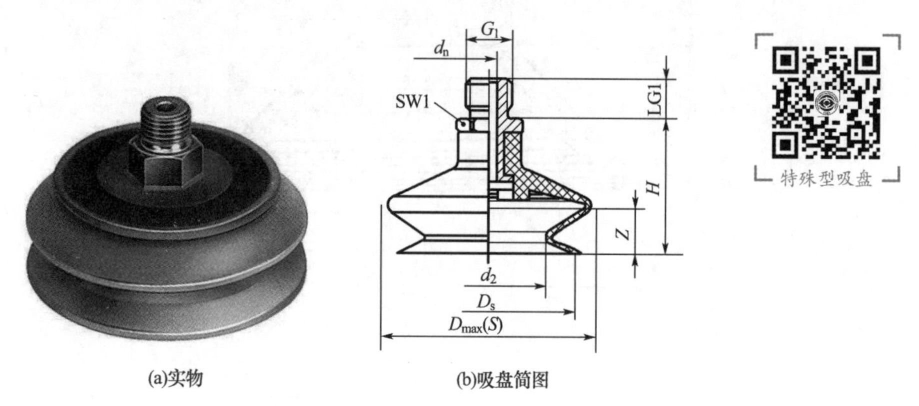

(a)实物　　(b)吸盘简图

图 4-22　短波纹管吸盘

②长波纹管吸盘

长波纹管吸盘的适用场合与短波纹管吸盘相同，但是它能适应水平方向更大的高度差，并可做较长距离的运送动作，一般可采用尼龙加强环加固以提高其稳定性。它的缺点是不宜在较大真空度下使用。如图 4-23 所示。

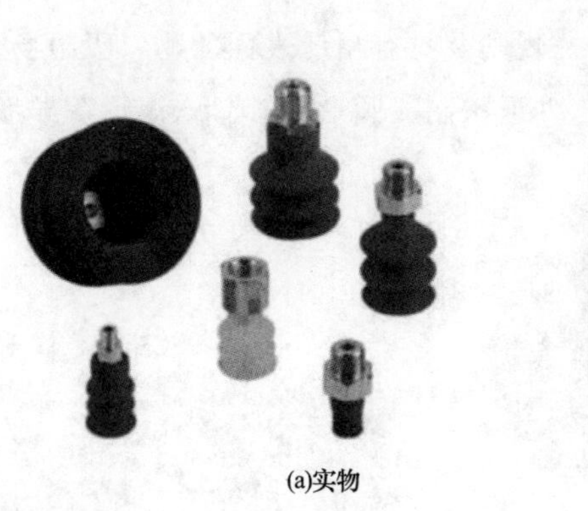
(a)实物

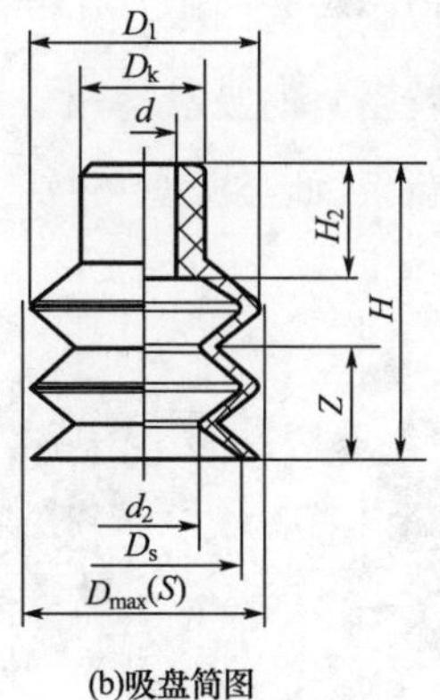

(b)吸盘简图

图 4-23　长波纹管吸盘

③带挡板平面吸盘

带挡板平面吸盘适用于平面物料(如纸板、金属板或带孔物料)的吸附运动。挡板可以防止物料吸入吸盘而产生变形,具有较好的稳定性及较小的动程。带挡板平面吸盘如图 4-24 所示。

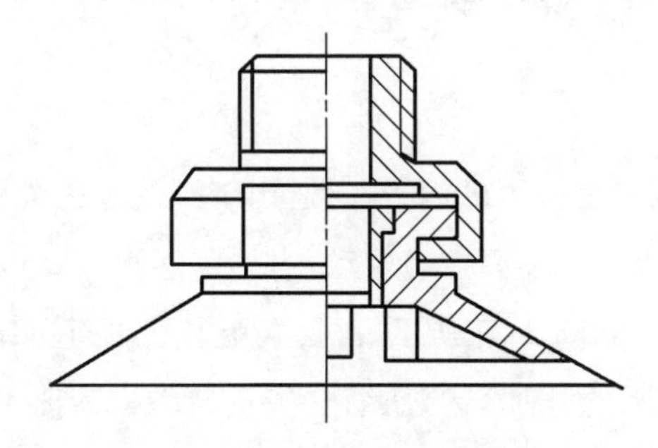

图 4-24　带挡板平面吸盘

④带阀平面吸盘

带阀平面吸盘上有一个阀,阀仅在吸盘吸附物料时才开启,从而提高了安全可靠性并减少耗气量,多用于几个吸盘连在一起的系统中,可避免因一个吸盘泄漏或吸附物体跌落导致系统失效。带阀平面吸盘如图 4-25 所示。

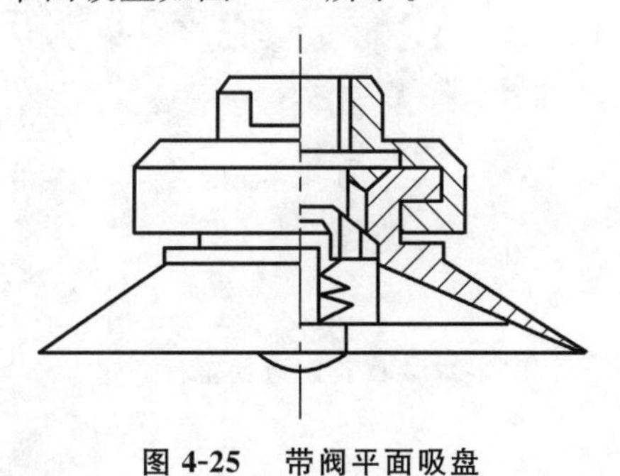

图 4-25　带阀平面吸盘

⑤带蜂窝橡胶密封的吸盘

带蜂窝橡胶密封的吸盘适用于非规则及具有粗糙表面的物料吸附场合，比如石块、混凝土及水沟盖板。此类吸盘可按工件形状制成圆形、椭圆形、矩形等异形面。如图 4-26 所示。

图 4-26　椭圆形吸盘

⑥最小动程吸盘

最小动程吸盘适用于薄细物料如纸张和塑料胶片的吸送。内密封吸盘具有可调支承，可使被吸送物料调得很平而无变形。最小动程可使吸盘用于某些需要精确定位的场合。

⑦磁性吸盘

磁性吸盘利用永磁安全吸附磁性工件，适用于搬运多孔金属板、复杂几何形状的激光切割件。气动式磁性吸盘不需要电力驱动，占用空间小，总质量小，特别适合搬运磁性长条形工件。其工作原理如图 4-27 所示。磁性吸盘与普通气缸结构相似，在吸盘两端布置两个进气口，吸盘内置磁性活塞，当压缩空气从顶端进入时，推动磁性活塞运动至最下端，吸取工件。当压缩空气从底端进入时，推动活塞运动至最上端，释放工件。

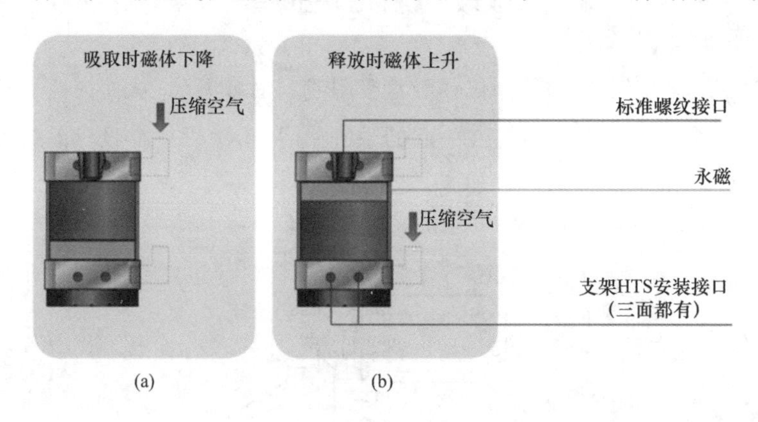

图 4-27　磁性吸盘的工作原理

如图 4-28 所示为磁性吸盘吸取多孔磁性零件。当压缩空气从进气管进入到吸盘上部时，推动磁性活塞运动至磁性吸盘最下端，依靠磁性吸附工件，当压缩空气从下端进气管（图中未显示）进入到磁性吸盘下部时，推动磁性活塞运动到最上端，释放工件。

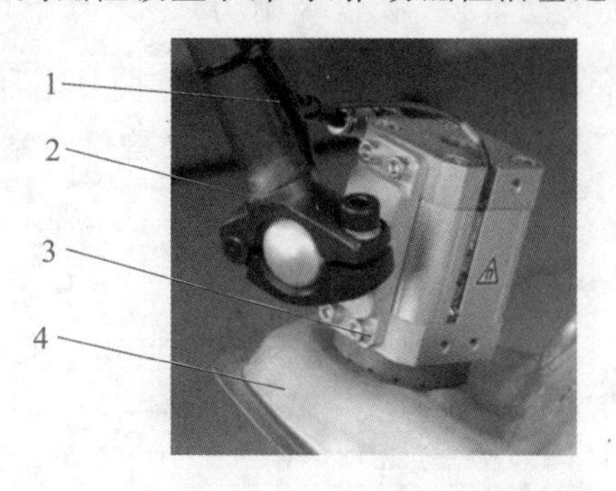

图 4-28　磁性吸盘吸取多孔磁性零件

1—进气管；2—吸盘固定架；3—磁性吸盘；4—工件

3. 吸盘的材质与性能

真空吸盘品种多样，原材料有橡胶、硅橡胶、聚氨酯橡胶等，其中橡胶制成的吸盘可在高温下进行操作，硅橡胶制成的吸盘非常适于抓住表面粗糙的制品，聚氨酯橡胶制成的吸盘耐用。在实际生产中，如果要求吸盘具有耐油性，则可以考虑使用聚氨酯橡胶、丁腈橡胶或含乙烯基的聚合物等材料来制造吸盘。通常，为避免制品的表面被划伤，最好选择由丁腈橡胶或硅橡胶制成的带有波纹管的吸盘；吸盘材料采用丁腈橡胶制造，具有较大的扯断强度，因而广泛应用于各种真空吸持设备上。吸盘的常见材料及性能见表 4-1。

表 4-1　吸盘的常见材料及性能

吸盘的橡胶材料	弹性	扯断强度	硬度	压缩永久变形	使用温度/℃	透气性	耐磨性	耐老化性	耐油性	耐酸性	耐碱性	耐溶剂性	耐湿性	耐臭氧性	电气绝缘性	吸附搬运的物体
丁腈橡胶	良	可	良	良	－10～＋70	可	良	差	优	良	良	可	差	良	差	硬壳纸、胶合板、铁板及其他一般工件
聚氨酯橡胶	优	优	良	优	－20～＋60	优	优	优	优	可	差	差	差	优	良	
硅橡胶	良	差	优	优	－30～＋180	可	差	良	可	良	优	可	可	良	良	半导体元件、薄工件、金属成形制品、食品类
氟橡胶	可	可	优	良	－30～＋200	优	良	优	优	优	可	优	优	优	可	药品类

4. 吸盘的参数

吸盘的参数主要包括吸盘直径、吸盘吸附力(一定真空度下,一般为 −0.6 ~ −0.7 bar,1 bar = 100 kPa)、工件最小曲率半径、适配的真空管内径、适配的螺纹尺寸等。目前,市面上常见主流厂家的吸盘产品,其尺寸、结构已经系列化,吸盘吸附力通过计算与实验已经总结成技术文档,用户可以方便查取。某品牌某型号真空吸盘参数示例见表 4-2。

表 4-2　某品牌某型号真空吸盘参数示例

型号	吸附力 /N	体积 /cm^3	工件最小曲率半径(凸形)/mm	推荐真空管内径(软管长度最长为 2 m)/mm	适配吸盘接头
SGN-6.3	1.5	0.05	7.5	2	N024
SGN-8	2.3	0.06	7.5	2	N040
SGN-10	4	0.1	10	2	N025
SGN-16	8	0.6	15	2	N026
SGN-25	24	2.2	20	4	N027

注:上述规定吸附力为在真空度为 −0.6 bar 时的理论值,对于表面光滑、干燥的工件而言,不包括安全系数。

单元二　吸附力的计算与校核

一、吸附力的计算

1. 真空吸盘吸附力的计算

真空吸附式手爪在取料过程中,理论上只要真空吸附力足以克服工件重力就能吸附起工件。真空吸盘的理论吸附力是指吸盘内的真空度 P 与吸盘的有效吸附面积 A 的乘积,即

$$F = AP\mu \tag{4-1}$$

式中　F—— 理论吸附力,N;

A—— 吸盘有效吸附面积,m^2,$A = \frac{\pi}{4}D^2$,D 是有效直径,m;

P—— 真空工作压力(吸盘内的真空度),Pa;

μ—— 摩擦因数,通常吸盘和工件之间的摩擦因数不是固定值,需要通过测试来确定。

真空吸盘吸附力的大小与吸盘内的真空度及吸盘的有效吸附面积有关，此外，被吸附工件形状和表面质量对吸附力的大小也有一定的影响。

计算所得的吸附力仅仅是理论值，在实际应用中还要考虑很多重要的因素，如吸盘的大小和形状、工件的表面粗糙度和硬度(变形性)；除此之外，还需要考虑搬运过程中的运动加速度以及需要给予足够的余量以保证吸附的安全。搬运过程中的加速度，应考虑启动加速度、停止加速度、平移加速度和转动加速度(包括摇晃)。特别是面积较大的板状物的吸取，不应忽视在搬运过程中会受到很大风阻；对面积大的、重的、有振动的吸附物或要求快速搬运的吸吊物，为防止工件脱落，通常使用多个吸盘进行吸取。因此真空吸盘实际吸附力的计算需要考虑吸盘的安装方式、工作情况，给予一定的安全系数。

真空度由真空泵的类型而定，若真空泵类型选定后，在规定的时间内，可以采用真空表来测量真空吸盘内的真空度，其单位为毫米汞柱(mmHg)。如图 4-29 所示为 U 形压力计的工作原理。

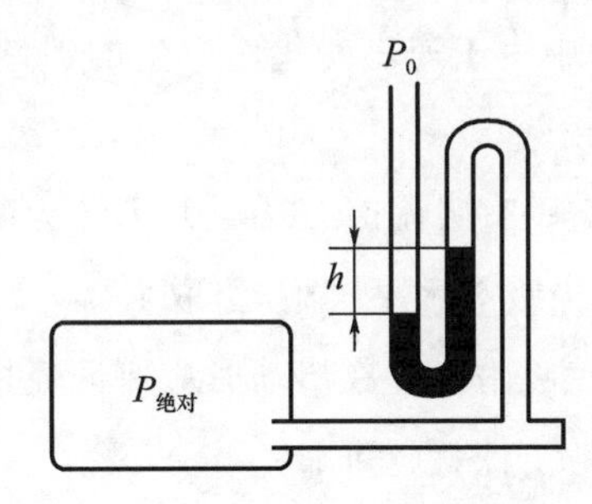

图 4-29　U 形压力计的工作原理

若左支管内的汞柱下降，而右支管内的汞柱上升，其高度差为 h，则说明容器内的气体压力 $P_{绝对}$ 小于大气压 P_0，即

$$P_0 = P_{绝对} + \frac{h}{760} \tag{4-2}$$

真空吸盘在启动过程中的吸附力计算公式为

$$F = \frac{nA}{K_1 K_2 K_3}(P_0 - P_{绝对}) \tag{4-3}$$

因

$$A = \frac{\pi}{4}D^2$$

$$P_0 - P_{绝对} = \frac{h}{760}$$

带入式(4-3) 可得

$$F = \frac{n\pi D^2}{4K_1 K_2 K_3}\left(\frac{h}{760}\right)$$

式中　F—— 真空吸盘吸附力，N；

h—— 真空度(一般可以是真空表读数)，mmHg；

D—— 吸盘直径，cm；

n—— 吸盘数量；

K_1—— 吸盘吸附工件在启动时的安全系数，可取 $K_1 = 1.5 \sim 2.5$；

K_2—— 工作情况系数，一般可在 $1 \sim 3$ 范围内选取；

K_3—— 方位系数。

K_1 在选取时一般建议选择 2.0，德国预防事故法规要求最低的安全系数为 1.5，如果工件要求旋转或翻转，建议选取安全系数为 2.5 或更高，以满足翻转过程中所需要的力。

K_2 在选取时需要考虑具体情况，若工件之间有油膜，则所需要的吸附力就大，可以取大值。若是从模具中取工件，需要考虑模具与工件间的摩擦力，也可以适当取大值。同时还要考虑吸盘在运动过程中由于速度变化而产生的惯性力影响，因此应根据工作条件的不同，选取工作情况系数。

K_3 的选取原则是当吸盘垂直吸附时，$K_3 = 1/f$，f 为摩擦因数，橡胶吸盘吸附金属材料时，取 $f = 0.5 \sim 0.8$；当吸盘水平吸附时，取 $K_3 = 1$。

对于真空吸盘来说，吸盘吸附工件在启动时应保证吸住，在传递过程中内盘内的真空度随时间加长而增大，吸附工件就越可靠。

2. 气流负压式吸盘吸附力的计算

气流负压式吸盘吸附力的计算公式为

$$F = \frac{A}{K_1 K_2 K_3}(P_0 - P_2) \tag{4-4}$$

式中　F—— 吸盘吸附力，N；

A—— 吸盘吸附面积，cm^2；

P_0—— 大气压，kg/cm^2；

P_2—— 喷嘴出口处的压力，kg/cm^2；

K_1—— 安全系数；

K_2—— 工作情况系数；

K_3—— 方位系数。

对于气流负压式吸盘来说，其吸附力因喷嘴结构的不同而不同，喷嘴结构尺寸往往通过实验最后确定。如图 4-30 所示的喷嘴结构，小孔直径 d_1 一般在 $1.0 \sim 1.8$ mm 范围

内选取，d 在 3.0 ～ 3.5 mm 范围内选取。

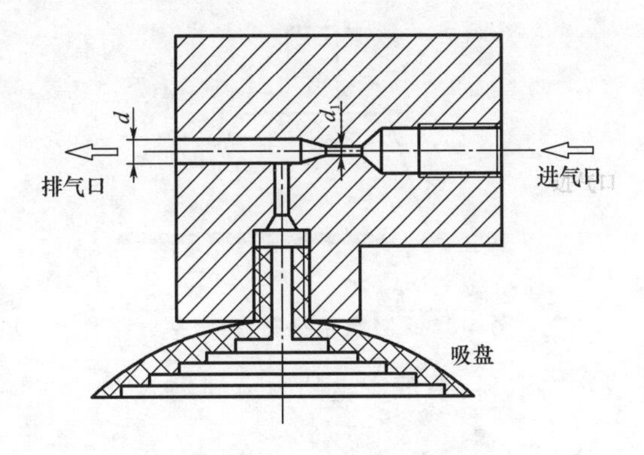

图 4-30　气流负压式吸盘喷嘴结构

二、吸附力的校核

前面已经讲解了在已知吸盘尺寸参数和真空度的情况下如何计算手爪的吸附力。下面从抓取工件角度出发来讲解如何进行所需吸附力的计算以及如何选取合适的取料吸盘。

根据气吸附式手爪的布置方式和运动方向，可以将手爪的应用情况分为三类：

(1) 吸盘处于水平位置，动作方向为垂直方向，这是最佳的情况。如图 4-31 所示。

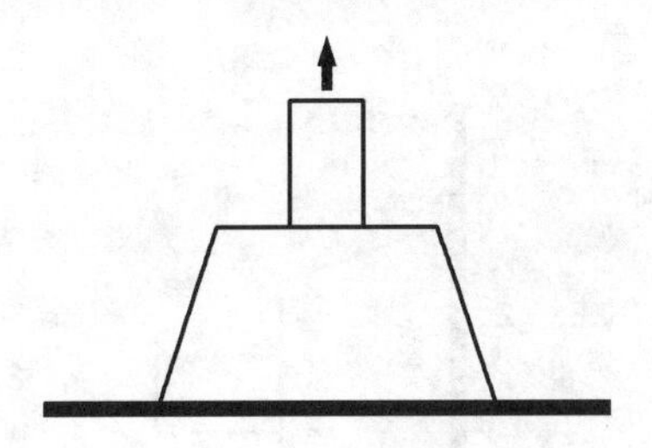

图 4-31　吸盘水平布置，垂直运动

此时，要能够完成物料取料，手爪产生的力应满足

$$F = m(g + a)S \tag{4-5}$$

式中　F—— 手爪应输出的抓取力，N；

m—— 物料质量，kg；

g—— 重力加速度，m/s^2；

a—— 加速度，m/s^2；

S—— 安全系数。

(2) 吸盘处于水平位置,动作方向为水平方向,如图 4-32 所示。

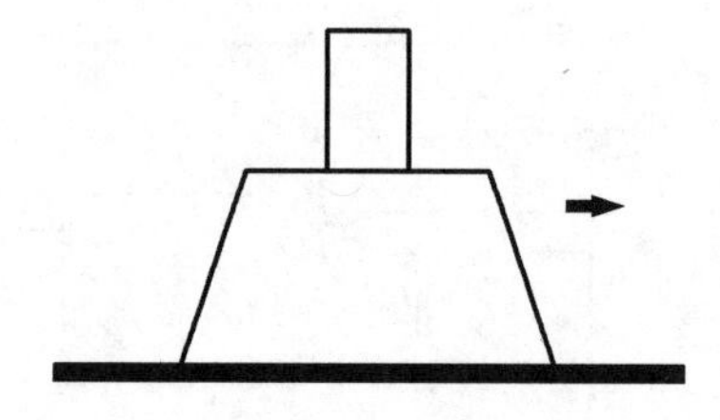

图 4-32　吸盘水平布置,水平运动

此时,要能够完成物料取料,手爪产生的力应满足

$$F = m\left(g + \frac{a}{\mu}\right)S \tag{4-6}$$

式中　F—— 手爪应输出的抓取力,N;

m—— 物料质量,kg;

g—— 重力加速度,$\mathrm{m/s^2}$;

a—— 加速度,$\mathrm{m/s^2}$;

S—— 安全系数;

μ—— 摩擦因数。

(3) 吸盘处于垂直位置,动作方向为垂直方向,这是最不理想的情况,应尽量避免。如图 4-33 所示。

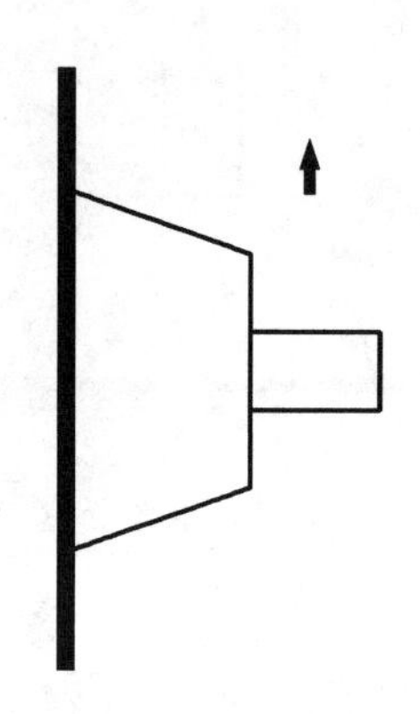

图 4-33　吸盘垂直布置,垂直运动

此时,要能够完成物料取料,手爪产生的力应满足

$$F = \frac{m}{\mu}(g + a)S \tag{4-7}$$

式中　F—— 手爪应输出的抓取力，N；

m—— 物料质量，kg；

g—— 重力加速度，m/s^2；

a—— 加速度，m/s^2；

S—— 安全系数；

μ—— 摩擦因数，一般油性表面 $\mu = 0.1$，潮湿表面 $\mu = 0.2 \sim 0.3$，木材、金属、玻璃、石材表面 $\mu = 0.5$，粗糙表面 $\mu = 0.6$。

例 一

已知一个平整、光滑的钢板(钢板上有油，刚从锻压机中产出)，长为 200 mm、宽为 100 mm、厚为 2 mm，需要做垂直提起(吸盘水平布置，垂直方向动作)；水平移动(吸盘水平布置，水平方向动作)；90° 旋转后垂直移动(吸盘水平布置，垂直方向动作)。最大的加速度为 5 m/s^2。提起的时间 < 0.5 s，放下的时间为 0.1 s，整个循环时间为 3.5 s，安全系数取 1.5(吸盘垂直安装，工件垂直运动时取 2)。要求两个吸盘无振动地搬运工件，工件的提起与放下必须是柔性的。选择最佳的吸盘规格。

解：

第一步：计算工件的质量

$$m = LWH\rho$$

式中　m—— 质量，kg；

L—— 长度，cm；

W—— 宽度，cm；

H—— 厚度，cm；

ρ—— 钢板密度，查得 $\rho = 7.85\ g/cm^3$。

$$m = 20 \times 10 \times 0.2 \times 7.85 = 0.314\ kg$$

第二步：选择合适的真空吸盘

根据工件的形状和表面粗糙度情况，选择标准型的真空吸盘。常见吸盘的适用范围见表 4-3。

表 4-3　　常见吸盘的适用范围

类型	适用范围	类型	适用范围
标准吸盘	用于表面平整或有轻微起伏的工件，如钢板或硬纸板	波纹形吸盘	(1) 倾斜表面，倾斜角度为 5°～30°，具体视吸盘的直径而定； (2) 表面起伏或球形以及具有较大面积的弹性工件； (3) 容易破碎的工件，如玻璃
椭圆形吸盘	用于狭窄形或长条形工件，如型材或管道等	加深型吸盘	用于圆形或表面起伏较大的工件

根据工件材质、表面的光滑程度、带油的状态及耐磨性，参照真空吸盘的材质特性表，选择聚氨酯材料的真空吸盘。

第三步：计算吸附力的大小

(1) 当真空吸盘处于水平位置，工件垂直运动时

$$F = m(g + a)S = 0.314 \times (9.81 + 5) \times 1.5 = 7\ \text{N}$$

(2) 当真空吸盘处于水平位置，且工件也水平运动时

$$F = m\left(g + \frac{a}{\mu}\right)S = 0.314 \times \left(9.81 + \frac{5}{0.1}\right) \times 1.5 = 28\ \text{N}$$

注：带油的表面 $\mu = 0.1$

(3) 旋转 90° 后真空吸盘处于垂直位置，工件垂直运动

$$F = \frac{m}{\mu}(g + a)S = \frac{0.314}{0.1} \times (9.81 + 5) \times 2 = 93\ \text{N}$$

注：吸盘垂直安装，工件垂直运动时，安全系数可以取大一点，本例中取 $S = 2$。

由以上三种情况可知，工作过程中 2 个吸盘的最大抓取力为 93 N，因此每个吸盘需要 93/2 = 47 N，故查表 4-4，选择直径为 40 mm 的真空吸盘即可满足要求。

表 4-4　　某品牌某型号吸盘参数

吸盘直径 / mm	吸盘接口直径 / mm	有效吸盘直径 /mm	在 0.7 bar 下的脱离力 /N	吸盘容积 / cm^3	工件最小半径 /mm	质量 /g
20	M6×1	17.6	16.3	0.318	60	6
30	M6×1	18.4	40.8	0.867	100	9
40	M6×1	26.5	69.6	1.566	230	16
50	M6×1	33.3	105.8	2.387	330	22

单元三　气吸附式手爪的设计

一、气吸附式手爪的设计原则

气吸附式手爪的设计原则有以下几点：

(1) 应具有足够的吸附力。吸附力的大小与吸盘的直径、吸盘内的真空度(或负压大小)以及吸盘的吸附面积有关。工件被吸附表面的形状和表面不平程度也对其有一定影响，设计时要充分考虑上述各因素，以保证足够的吸附力。

(2) 应根据被抓取工件的要求确定吸盘形状。吸盘的形状有圆形、椭圆形、杯形等，应根据工件的形状特性选取合适的吸盘形状。

(3) 选用多个吸盘时，应合理布局，确保工件在传送过程中的平衡及平稳。

(4) 设计真空吸附式手爪要考虑突然断电导致手爪松开的危险。

(5) 合理设计，确保手爪整体重量与工业机器人手臂抓取重量匹配。目前，手爪一般安装在工业机器人上，需要考虑手爪的重量对工业机器人的要求，越重的手爪，所需的工业机器人抓取重量越大，工业机器人抓取重量与工业机器人的尺寸和结构有关，而工业机器人的尺寸和结构对布置场地有要求。因此，手爪的重量不宜过大。

(6) 人机界面操作的方便性。如果是人工手动操作的手爪，需要考虑人机工程、操作者的操作安全性、便捷性和舒适性。

二、气吸附式手爪的设计步骤

气吸附式手爪的设计流程如图 4-34 所示。第一步，需要获取工件形状、材质、尺寸、质量等信息；第二步，根据工件信息确定吸盘数量与吸附位置；第三步，设计手爪的结构，包括吸盘型号选取、折弯板和连接件设计、骨架结构设计等内容；第四步，设计完成的手爪需要进行仿真验证，检验设计是否合理，对不合理的地方要进行修改，并再次进行仿真验证，直至验证合理为止；第五步，设计人员还需要给出气路连接图和零件图。至此，整个设计过程全部完成。

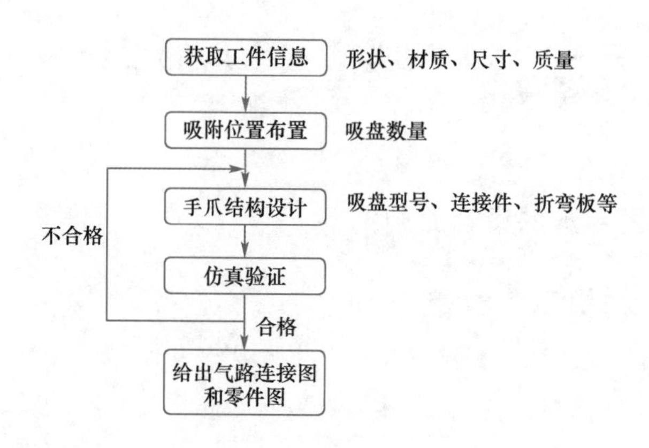

图 4-34　吸附式取料手的设计流程

三、气吸附式手爪的断电保护

气吸附式手爪需依靠真空泵或压缩空气产生的真空度才能正常工作，若工作过程中突然断电，真空度会消失，从而可能导致工件掉落，这是使用中面临的最大危险。因此，气吸附式手爪的断电保护非常重要。

1. 真空度降低时的保护

真空度降低会直接影响吸附力，对于工件真空搬运均要求增加真空压力检测开关，并设置防掉落装置。

2. 断电时的保护

(1) 依靠真空泵保压功能保护

目前在真空回路中依靠逻辑回路避免此类事故。如图 4-35 所示，真空泵断电不能产生真空时，真空泵本身具有一定的保压功能，能够维持管路中的真空度，可以确保断电时工件依然处于吸附位置，只有当电磁阀 5 通电，才可以使真空吸盘与大气相通，释放工件。不同厂家生产的真空泵结构不同，保压时间有差异，可根据产品手册查取。

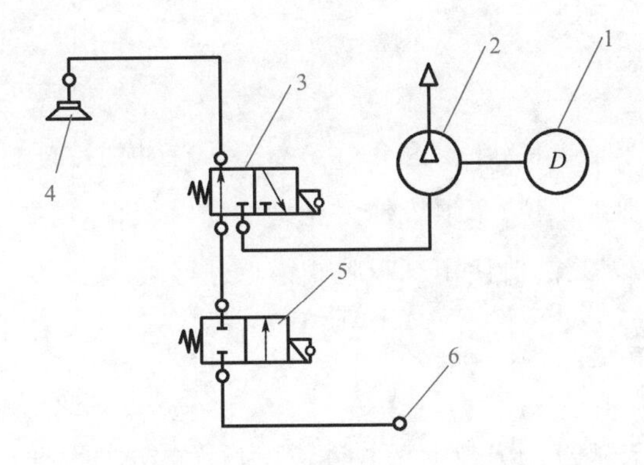

图 4-35　真空控制系统原理

1—电动机；2—真空泵；3、5—电磁阀；4—真空吸盘；6—管路

(2) 真空蓄能器保护

真空蓄能器作为安全备用设备，在真空回路断电后工件仍然可以保持吸附状态 5 ～ 30 min 不掉落，可防止工件在突然断电时被释放。经常用于安全和可靠性要求高的场合。真空蓄能器如图 4-36 所示。

图 4-36　真空蓄能器

四、气吸附式手爪的设计实例

以车顶取料手为例来介绍气吸附式手爪的设计过程。如图 4-37 所示为国产某车型的车顶板件。

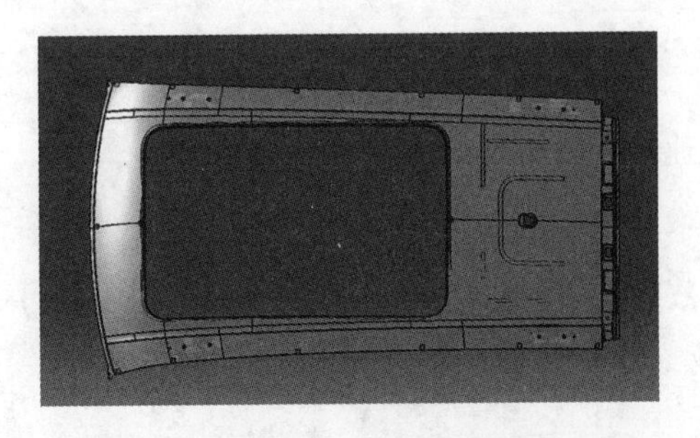

图 4-37　国产某车型的车顶板件

1. 获取工件信息

该工件为某车型车顶板件，质量为 31 kg，材料为深冲用冷轧材料 DC04。该工件需要通过机器人搬运到加工工位。车顶板件为光滑的薄壁板件，需要保证表面质量，不能出现摩擦和夹持痕迹，因此需要使用气吸附式手爪进行搬运。

2. 吸附位置布置

该工件为长条形有弧度的光滑薄壁板件，且为对称结构，因此，布置吸附点时，可以在前端(左侧)、后端(右侧)各布置 2 个吸盘。两侧面各布置 1 个吸盘，因为后端面积较大，为了防止后端较沉吸附不稳，在后端外侧中间部位增加 1 个吸盘。具体吸盘布置位置如图 4-38 所示，蓝圈所示为 7 个吸附点。

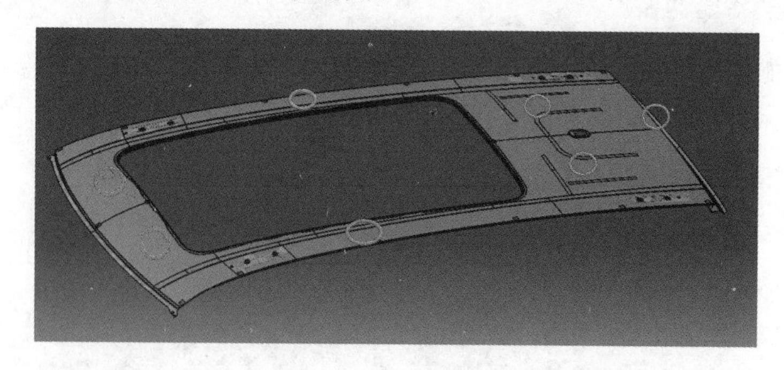

图 4-38　吸附点布置

3. 手爪结构设计

(1) 吸盘选型

该工件的质量为 31 kg，手爪水平布置，工件被提升后水平移动，手爪抓取工件后水平移动，最大加速度为 2 m/s^2。所需的吸附力的计算公式为

$$F = m\left(g + \frac{a}{\mu}\right)S$$

式中　g—— 重力加速度，9.81 m/s^2；

S—— 安全系数，本例中取 $S = 2$；

μ—— 摩擦因数，本例中工件表面为无油金属表面，取 $\mu = 0.5$。

$$F = m\left(g + \frac{a}{\mu}\right)S = 31 \times \left(9.81 + \frac{2}{0.5}\right) \times 2 = 856.22\ \text{N}$$

本例中采用了7个吸盘，因此每个吸盘的吸附力为856.22/7 = 122 N。

某品牌的某型号吸盘参数见表4-5，根据计算结果选取SAB-80型吸盘可满足要求。

表4-5　某品牌的某型号吸盘参数

型号	吸附力/N	拉脱力/N	侧向力/N	侧向力(油性表面)/N	体积/cm^3	工件最小曲率半径(凸形)/mm	推荐真空管内径(软管长度最长为2 m)/mm
SAB-22	16	24	18	6	2.5	20	4
SAB-30	22	33	30	13	5.7	40	4
SAB-40	38	59	36	33	8.7	40	4
SAB-50	53	87	55	52	16.1	50	4
SAB-60	82	130	82	77	28.8	65	6
SAB-80	135	221	145	140	67.7	75	6
SAB-100	190	357	220	214	115	90	6
SAB-125	250	558	352	335	220	140	9

注：1. 上述规定吸附力为在真空度为－0.6 bar时的理论值，对于表面光滑、干燥的工件而言不包括安全系数。

2. 上述规定的侧向力测定条件为真空度－0.6 bar，干燥或油性，表面平整光滑的工件，根据工件表面性质不同，在特殊条件下，实际数值可能会改变。

(2) 设计吸盘连接结构

吸盘连接结构主要包括连接件、折弯板等。如图4-39所示，折弯板、连接件的设计主要考虑用户的需求。两个用户对同一零件的不同需求见表4-6。

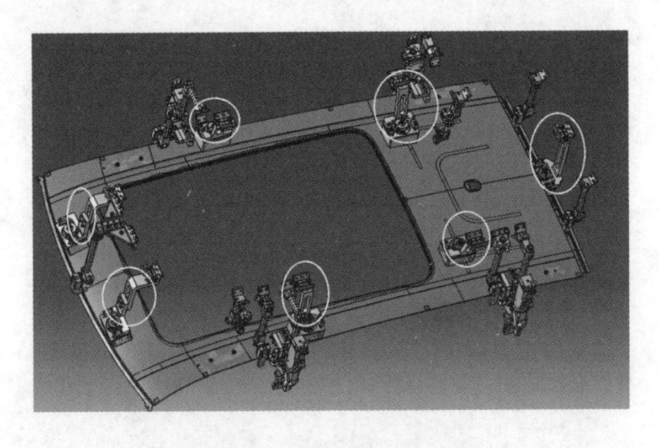

图4-39　吸盘的连接结构

表 4-6　　两个用户的需求实例

零件	用户 A	用户 B
支撑座	材料:Q235A 规格:特殊设计,按照零件形面设计接触面,工装接触面为 Rz25,其他为 Rz100 螺栓(6 个):M8 DIN912 螺栓(4 个):M10 DIN912 销(4 个):ϕ8 mm 销(2 个):ϕ6 mm DIN7979 垫片:39D 2063	材料:Q235A 规格:非标支撑座高度应为 50 mm 的整数倍,避免在焊缝的位置设计安装孔位及基准孔位,要求焊缝距离平垫圈距离 $L \geqslant 10$ mm 垫片:企业标准(GW-P004)进行设计加工
定位销	定位销:39D 20612/3 材料:16MnCr5(1.7131) 硬度:(60±2)HRC 深度:0.8+0.4 mm	材质:40Cr;CO_2 焊接夹具定位销材质采用铬锆铜 加工精度为 −0.03 ~ 0 mm,同轴度为±0.02 mm 表面处理:渗碳淬火,淬层深度为 0.5 ~ 1 mm,尖角倒钝 硬度要求:50HRC ~ 60HRC 配合要求:有效定位面与销支架连接的尺寸公差为 ϕDg6 其他要求:径向安装面的表面粗糙度为 Ra1.6 μm,下部安装面的表面粗糙度为 Ra3.2 μm,未注公差按 IT12 执行,表面粗糙度 Ra6.3 μm

为了防止出现工件表面质量问题,吸盘处也可以采用聚氨酯支撑。如图 4-40 所示。圈 1 中黄色的方块为聚氨酯支撑块。圈 2 所示绿色聚氨酯支撑块做了半透明处理。如图 4-41 所示,可以看到聚氨酯支撑块包裹着吸盘。

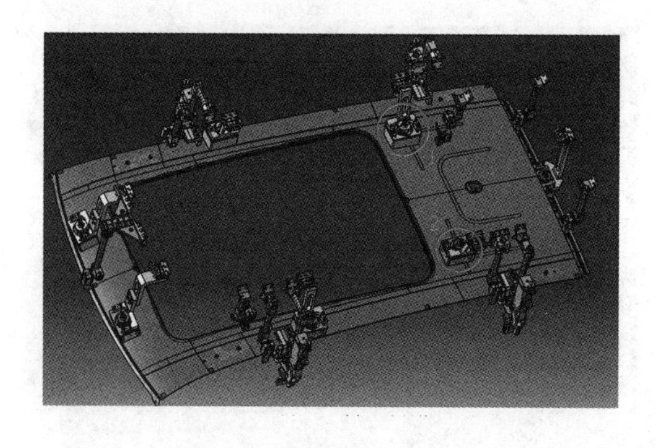

图 4-40　聚氨酯支撑块

图 4-41　聚氨酯支撑块包裹着吸盘

(3)设计手爪的框架结构

框架可以采用圆管焊接框架,也可以是八角管连接框架。设计框架时要考虑方便与机械手连接,手爪重心位置合适。一般真空组件、阀岛等部件均安装在框架上,如图 4-42 所示。

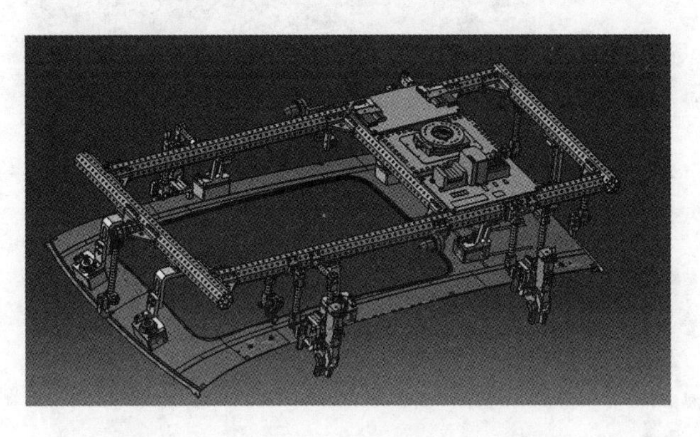

图 4-42　八角管连接框架

4. 仿真验证

设计完成的手爪交给仿真验证部门进行结构仿真与验证,验证合格即可进行零件图与气路图设计工作,不合格则重新修正设计,直到合格为止。

单元四 气吸附式手爪的应用

一、气吸附式手爪在汽车生产线上的应用

1. 气吸附式手爪抓取薄板

如图 4-43 所示，汽车车身薄壁件生产线上，取料机器人采用气吸附式手爪将薄钢板吸取放入冲压机。机器人手腕连接手爪，在手爪上平行布置了若干吸盘，由气压发生装置产生负压，依靠外界大气压的作用将薄钢板吸起，送入冲压机，冲压成型。

图 4-43 薄钢板取料手

1—机器人手臂；2—抓具；3—吸盘；4—薄钢板

2. 气吸附式手爪抓取车顶

如图 4-44 所示为汽车生产线的天窗安装工位。工人需要将料架上的天窗在气吸附式手爪的帮助下移动到生产线上的汽车车顶天窗安装位置。天窗为光滑的玻璃制品，表面平整、无油、无孔、无凹槽，作为车体对外展示的一部分，天窗在安装过程中不允许出现划痕和夹持痕迹，因此选用气吸附式手爪来搬运天窗。图 4-44 所示的状态是工人操作气吸附式手爪准备抓取天窗，图 4-45 所示为手爪已经牢牢抓住天窗，由工人操作移动到指定安装位置。

图 4-44　工人操作手爪准备抓取天窗

图 4-45　手爪抓取天窗

二、气吸附式手爪在其他工业生产中的应用

气吸附式手爪的应用（一）

气吸附式手爪适用于大平面、易碎（如玻璃、磁盘）、微小的物体。使用气吸附式手爪时一般要求被吸附物体表面比较平整光滑、无孔、无油、无凹槽。不光滑的表面在吸附过程中吸盘不易与表面紧密贴合，有孔材质难以形成有效吸附的真空度，吸附有油表面需要更大的吸附力，有凹槽表面对吸盘形状要求较高。因此，理想的被吸附表面应该是平整、无孔、无油、无凹槽的光滑表面。

如图 4-46 所示为小鸡孵化生产线上的气吸附式手爪，铝制框架是机架本体；真空吸盘（长波管吸盘）用于吸附鸡蛋。真空吸盘安装在铝制框架上，依靠管道与真空发生装置相连，真空发生装置在真空吸盘内部产生真空度，真空吸盘内部大气压降低，这样在外界大气压的作用下，鸡蛋被压在真空吸盘上，真空吸盘就可以吸起鸡蛋。真空吸盘为橡胶材料，可以有效保护鸡蛋完好无损。如图 4-47 所示，气吸附式手爪取料之后，从一条生产线移动到另一条生产线。

图 4-46　小鸡孵化生产线上的气吸附式手爪

1—铝制框架；2—真空吸盘；3—鸡蛋

图 4-47　气吸附式手爪吸取鸡蛋

如图 4-48 所示为物料搬运装置，其主要由机器人手臂、吸盘、球形物料和料盘组成。吸盘可以吸附料盘内的球形物料，并将球形物料从料盘一端按要求移动摆放到另一端。在物料搬运装置中，取料手吸附球形物料，实现"拿""搬运""放"等功能。

如图 4-49 所示为木料搬运机械手，其主要结构由真空发生装置、型材骨架、取料手末端吸盘和木料组成。真空装置可以在吸盘内部产生低于外界大气压的真空度，在外界大气压的作用下木料被压紧在吸盘上，随着搬运机械手的移动，木料可以移动到任意位置。当吸盘内的真空度消失后，木料脱离吸盘，实现放料。

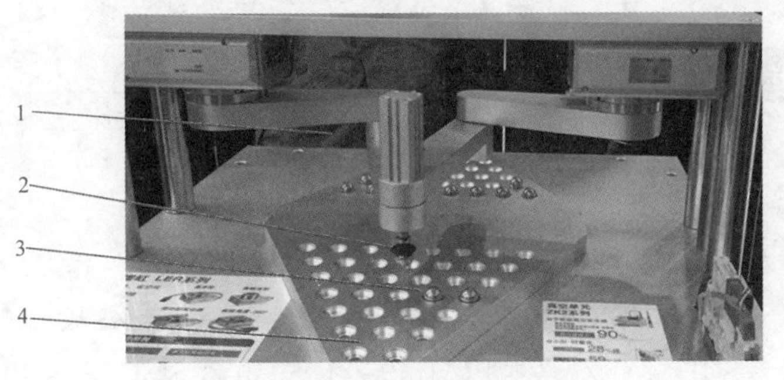

气吸附式手爪的应用（二）

图 4-48　物料搬运装置

1—机器人手臂；2—吸盘；3—球形物料；4—料盘

图 4-49　木料搬运机械手

1—真空发生装置；2—型材骨架；3—取料手末端吸盘；4—木料

小结

拓展资料

气吸附式手爪具有结构简单、质量小、吸附力分布均匀等优点，在工业生产中应用广泛。本模块以汽车制造行业中的应用为例，详细介绍了市面上常见的气吸附式取料手的结构、特点和工作原理以及核心部件——吸盘的分类和特点，重点介绍了真空吸盘、气流负压式吸盘吸附力的计算和校核，并通过设计实例讲解了气吸附式手爪的设计原则与设计过程，为使用者和设计者提供了很好的参考资料，但是在实际使用中还需要结合具体情况合理进行设计与应用。

素养提升

中国产品的世界之路

真空吸盘、真空发生器、真空泵……提到这些气动领域的产品，德国FESTO、德国SCHMALZ、瑞典PIAB、日本妙德、日本SMC、日本PISCO等一系列享誉世界的品牌被人们熟知。在众多国外品牌的先进制造技术和高端市场占有率的压力下，中国台湾品牌气立可走出了一条中国产品的世界之路。20世纪80年代，电子产业获得了快速发展，加工方式也从人工生产转为自动化生产，需要大量引进自动化设备。自动化设备中用到很多气动元件，中国地区生产厂商很少，产品主要是从日本进口。为了不依赖进口产品，提高国产产品的质量、扩充产品种类，气立可创始人创立了气立可公司，气立可注重技术积累，坚持自主发展，从最初的三名员工发展到现在年销售额上亿，在日本、意大利、西班牙和土耳其都占有一定市场份额的国际大公司，让中国产品走上世界舞台。

思考题

一、选择题

1. 气吸附式手爪是利用(　　)工作的。

   A. 吸盘内的压力和大气压之间的压力差

   B. 驱动装置的驱动力

   C. 弹性元件的弹性力

   D. 通电后产生的电磁吸附力

2. 气吸附式手爪不包括(　　)。

   A. 真空吸附　　　　B. 气流负压吸附

   C. 挤压排气负压吸附　　　　D. 增压式吸附

3. 在真空吸附式手爪中，(　　)零件能起到缓冲的作用。

   A. 碟形橡胶吸盘　　　　B. 固定环

   C. 支撑杆　　　　D. 基板

4. 气吸附式手爪的最佳应用情况是，吸盘处于(　　)位置，动作方向为(　　)方向。

A. 水平，垂直　　B. 水平，水平

C. 垂直，垂直　　D. 垂直，水平

二、判断题

1. 气吸附式手爪适应于大平面、易碎、微小的物体。　(　　)

2. 挤压排气负压吸附可以应用于要求吸附力大的场合。　(　　)

3. 磁吸附式手爪可以应用于任何材质。　(　　)

4. 磁吸附式手爪包括电磁力吸附和磁性吸盘吸附两种。　(　　)

三、简答题

1. 气吸附式手爪和夹钳式手爪相比具有什么特点？

2. 气吸附式手爪是利用吸盘内的压力和大气压之间的压力差而工作的。按形成压力差的方法不同，吸附式取料手分为哪几类？具有哪些优缺点？

3. 常见吸盘分为哪几类？各有哪些优点？

4. 影响气吸附式手爪吸附力大小的因素有哪些？

5. 设计气吸附式手爪应该注意哪些问题？

模块五

磁吸附式手爪设计

学习目标

1. 了解磁吸原理在机器人中的应用。
2. 掌握电磁吸附式手爪的结构原理与计算。
3. 掌握电磁吸附式手爪的优化结构。

能力目标

1. 能根据要求设计电磁吸附式手爪。
2. 具备分析与解决问题的能力。
3. 具备资源整合的能力。

素质目标

1. 培养持续学习的习惯。
2. 锻炼直面困难的勇气。
3. 锻炼持之以恒的决心。

单元一 磁吸原理在机器人中的应用

磁吸原理常用于爬壁机器人的吸附装置中。2016 年，清华大学设计了一种爬壁机器人的新型永磁吸附装置，如图 5-1 所示，该装置吸附力大，包含了多个紧密排列的永磁体，永磁体的磁化方向不完全相同。通过机械结构的建模、结构分析、磁路的设计仿真、吸附力的计算，最后用实验进行仿真，验证了该设计比普通永磁吸附装置提高了2.3 倍。

磁吸附式
手爪的应用

图 5-1 新型永磁吸附装置

1—步进电动机；2—永久磁场体吸附装置；3—主动轮；4—从动轮

图 5-2 所示为由加拿大科研团队研制的，用于对深水罐体损伤检测的永磁爬壁(Magnetic Crawler) 机器人，采用永磁吸附方式，以及履带式移动方式。Magnetic Crawler 机器人最深可到达水下 30 m 处进行检测任务，爬行速度为 0.9 m/min 。

图 5-2 Magnetic Crawler 机器人

履带式爬壁机器人无法从一个作业面运动到另一个作业面，因而很难适应复杂的壁面环境，而支腿型机器人具备渡过壁面的能力。针对船舶制造与维护问题，西班牙工业自动化所开发了支腿型电磁吸附方式机器人，如图 5-3 所示，REST-1 爬壁机器人装有六个可伸缩的腿部机构，每个腿部机构又有三个自由度，从而可以灵活地适应复杂壁面。图 5-4 所示为电磁足船体清洗机器人，该装置重心可调，既能保证很高的越障能力，又可以具备很高的抗阻特性。

磁吸附式
手爪的分类

图 5-3　REST-1 爬壁机器人

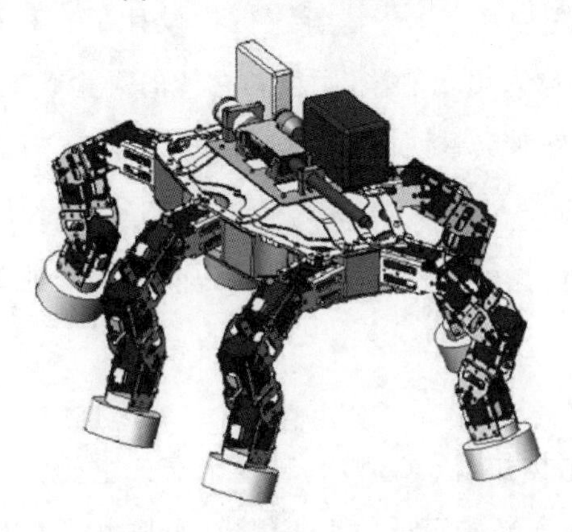

图 5-4　电磁足船体清洗机器人

如图 5-5 所示，上海交通大学研制了一种用于大型金属表面的自主焊接机器人。该机器人采用轮足复合的移动方式，两侧分别安装三个轮子，共六个轮子，通过电动机的驱动来实现机器人的直行和转向。该机器人采取磁吸附方式，将三个磁铁分别安装在两个驱动轮的中间，利用吸附装置与壁面产生的磁力提供吸附力。机器人的吸附装置上安装了升降机构，可以灵活调整磁铁与工作壁面的距离。当没有障碍物时，该机器人利用轮式行走方式，该行走方式快速、灵活；当遇到障碍物时，移动方式由轮式变为足式，这就使得机器人具有了良好的越障功能，增强了机器人对复杂壁面环境的适应能力。该机器人的特点是吸附装置不与壁面接触，同时可根据机器人的需求随时调整吸附力的大小。并且，在机器人控制系统中加入了一种基于改进蚁群算法的智能跟踪轨迹控制，使得对机器人的控制方式趋于智能化。

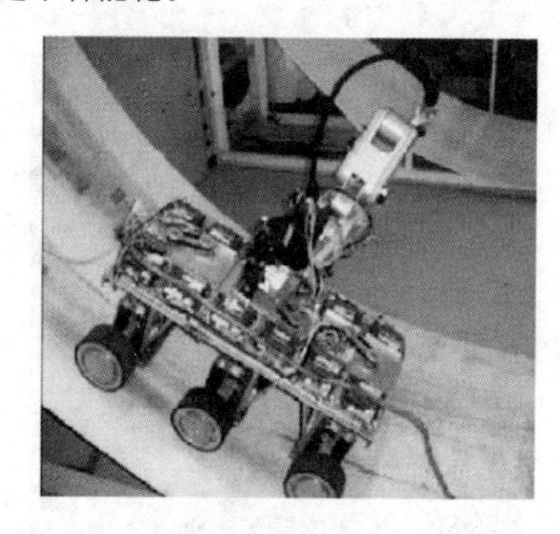

图 5-5　轮足复合式磁吸附爬壁机器人

南京林业大学针对永磁吸附式爬壁机器人的机动性与吸附性相矛盾这一问题，提出了一种电磁铁轮流通断电机构，并基于该机构设计了一种履带式爬壁机器人，如图 5-6 所示。为了防止机器人出现滑移、倾覆和翻转的失稳状况，对机器人进行了力学分析，利用 COMSOL 软件对电磁铁进行磁场仿真分析，完成了电磁铁的设计及机器人整机的制作。结果表明，机器人能够以任意姿态在不同角度壁面上爬行，验证了电磁铁轮流通断电机构的可靠性。该机器人在大型钢结构巡检等方面有较好的应用价值。

1. 整体结构设计

爬壁机器人的整体结构如图 5-6 所示。爬壁机器人主要由车架、减速步进电动机、电磁吸附单元、橡胶履带、车轮和环形轨道等组成。车架由若干铝合金型材组装而成，两条履带分别安装于车架的两侧，若干电磁吸附单元均匀分布于两条履带上。两条履带内侧分别安装一组环形轨道，电磁吸附单元与环形轨道下半周接触时产生电磁吸附力，进而使得机器人吸附在壁面上。

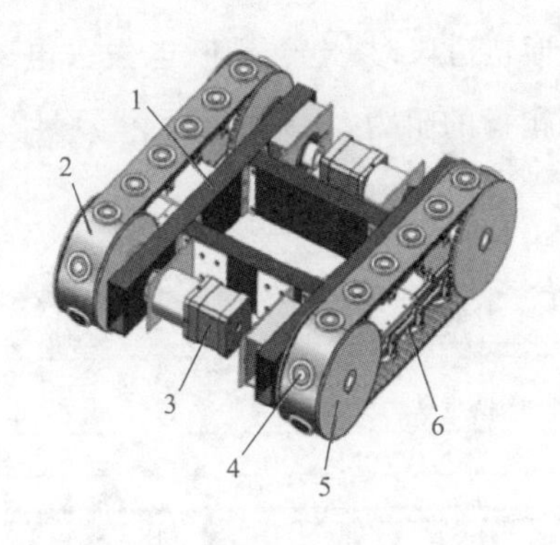

图 5-6　爬壁机器人整体结构

1—车架；2—橡胶履带；3—减速步进电动机；

4—电磁吸附单元；5—车轮；6—环形轨道

2. 电磁吸附单元结构设计

每条履带上安装有若干个电磁吸附单元，单个电磁吸附单元由滚轮、导杆、连接板、圆形电磁铁等组成，如图 5-7 所示。滚轮、连接板和导杆均由导电材料制作而成，单个连接板上安装有上、下两个滚轮，每个滚轮均可沿环形轨道滚动。

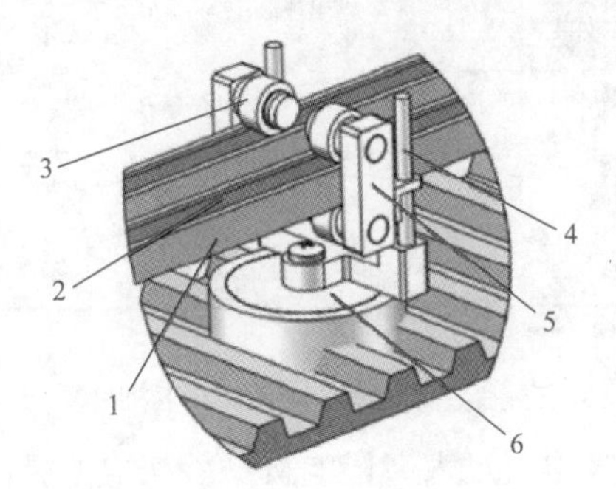

图 5-7　电磁吸附单元

1—环形轨道；2—铜片；3—滚轮；4—导杆；

5—连接板；6—圆形电磁铁

3. 电磁铁轮流通断电机构的工作原理

电磁铁轮流通断电机构如图 5-8 所示，图中 a、c 水平段上、下面未贴有铜片；b 水平段上、下面均贴有铜片。单条履带内侧安装左、右两个环形轨道，分别连接电源的正、负极。每个环形轨道均由尼龙材料制作，并在其下半周 a 水平段的上、下两面贴有铜片。当电磁吸附单元随履带移动到 b 水平段时，电磁铁得电产生电磁吸附力；当电磁吸附单

元从 a、c 水平段移动到弧形轨道段时，电磁铁断电失去电磁吸附力。因此，电磁铁的电磁吸附力不会成为机器人爬行的阻力，从而实现了机动性与吸附性的统一。

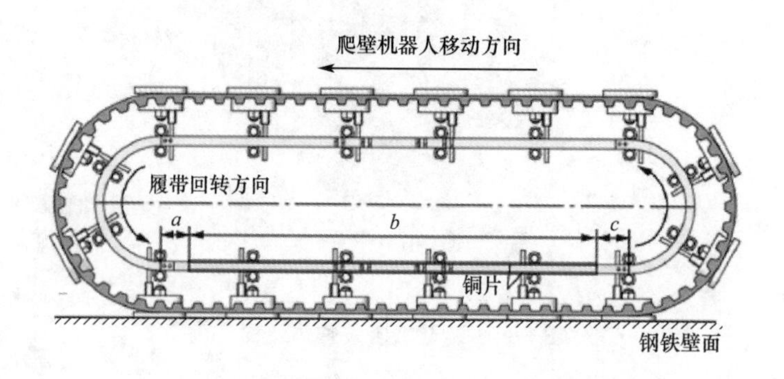

图 5-8　电磁铁轮流通断电机构

以上这些例子，都是磁吸附式爬壁机器人的足部结构，我们需要把这些结构优化使用到工业机器人的手部，虽然用途有区别，但原理结构类似。由于磁吸附方式不需要贴合壁面，手爪抓取工件时具有更高的安全性。

夹钳式手爪、气吸附式手爪、磁吸附式手爪的特点见表 5-1。

表 5-1　各种手部结构的特点

类型	抓取效果	效率	成本	适用范围
夹钳式手爪	较好	低	低	任何材料
气吸附式手爪	好	低	较高	光滑表面
磁吸附式手爪	好	高	高	导磁材料表面

永磁吸附不需要消耗额外的能量来维持吸附力，因此该方式比较节能；永磁吸附方式产生的吸附力是固定的，吸附力过大会影响机械手抓取的灵活性，吸附力太小会导致工件倾翻或者滑落，如果采用多个永磁铁结构，则机械手结构过于复杂，且吸附动作不灵活，因此采用电磁吸附方式调节吸附力，可以避免这类问题。二者的对比见表 5-2。

表 5-2　壁面移动机器人吸附方式的比较

吸附方式	优点	缺点
永磁吸附	维持吸附力不需要外加能量，安全性好	步行时磁体与壁面分离，需施加外力
电磁吸附	容易实现磁体与壁面之间的离合，移动快速	维持吸附力需要电能，电磁铁很重

单元二　电磁吸附式手爪的工作原理与计算

一、电磁吸附式手爪的工作原理

电磁吸盘安装在手臂的前端，通过电磁吸附力把工件吸住，其工作原理如图 5-9 所示，当线圈通入电流后，在铁芯内外激起磁场。由线圈出来的磁力线经过铁芯、空气隙和被磁化的衔铁而形成闭合回路。根据线圈中电流 I 的方向，可用右手螺旋法则来确定线圈的磁力线方向，磁力线出来的磁极为 N 极，而磁力线进入的磁极为 S 级，同时衔铁被磁化，其极性与铁芯线圈产生的磁场极性相反，根据异极性相吸的特性，衔铁受到电磁吸附力 F 的作用，被吸向铁芯，有的电磁铁中衔铁是固定的，由靠近它的铁磁物质（工件）被磁化形成对应的异性磁极，因而受到电磁吸附力的作用被吸住。若切断电流，铁芯内外的磁场随即消失，衔铁将被释放。

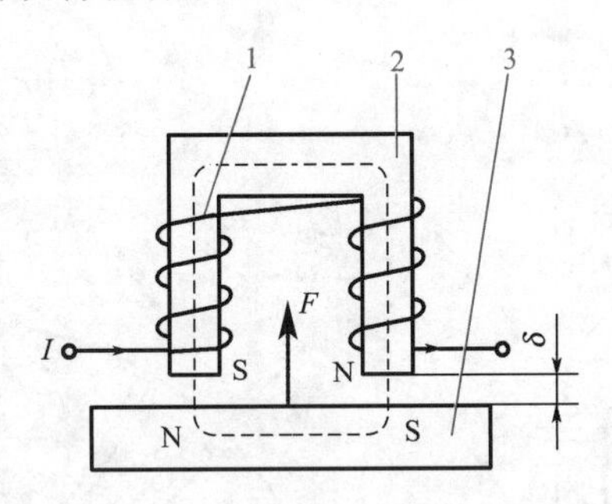

图 5-9　电磁铁的工作原理

1—线圈；2—铁芯；3—衔铁

电磁铁主要由铁芯、绕在铁芯上的线圈和原来不显磁性的铁磁物质制成的衔铁组成，其结构如图 5-10 所示。

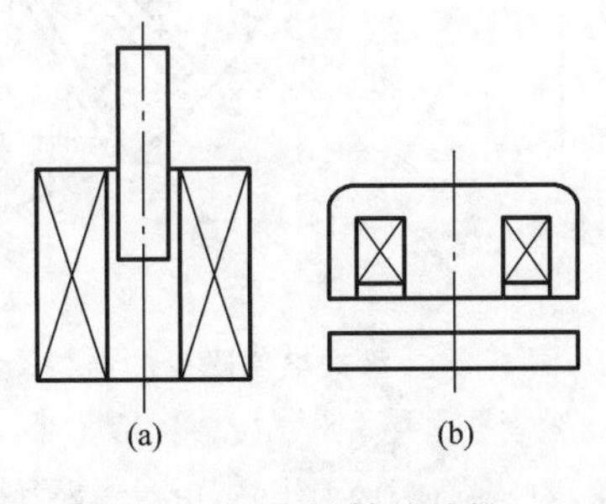

图 5-10　电磁铁的结构

图 5-10(a) 所示为螺管式电磁铁，在交流和直流电路上均有应用，这种电磁铁的气隙全部在激磁线圈中间，电磁吸附力较大。如带有电磁铁的挤压气吸式吸盘属于此类型。

图 5-10(b) 所示为盘式电磁铁，其整个磁路结构像一个圆盘，磁通经过一个几乎密合的气隙，能产生很大的吸附力。它的结构简单、动作快、控制功率小，在自动控制中得到广泛的应用。图 5-11 所示为盘式电磁吸盘的结构，铁芯和磁盘之间用黄铜焊料焊接并构成隔磁环，既焊为一体，又将铁芯和磁盘分隔，这样使铁芯成为内磁极，磁盘成为外磁极。其磁路由壳体的外圈，经磁盘、工件和铁芯，再到壳体内圈形成闭合回路，以此吸附工件。铁芯、磁盘和壳体均采用 8 ～ 10 号低碳钢制成，可减少剩磁，并在断电时不吸或少吸铁屑。盖为隔磁材料，用黄铜或铝板制成，用以压住线圈防止工作过程中线圈活动。挡圈用以调整铁芯与壳体的轴向间隙，即磁路气隙 δ，在保证铁芯正常转动的情况下，气隙越小越好，气隙越大，电磁吸附力越小，因此一般取 $\delta = 0.1 \sim 0.3$ mm。在手臂上连接着螺钉，螺钉的端部与壳体上的键槽相配合，使壳体在手臂的孔内可做轴向微量的移动但不能转动。铁芯和磁盘一起装在轴承上，用以满足在不停车的情况下自动上下料。

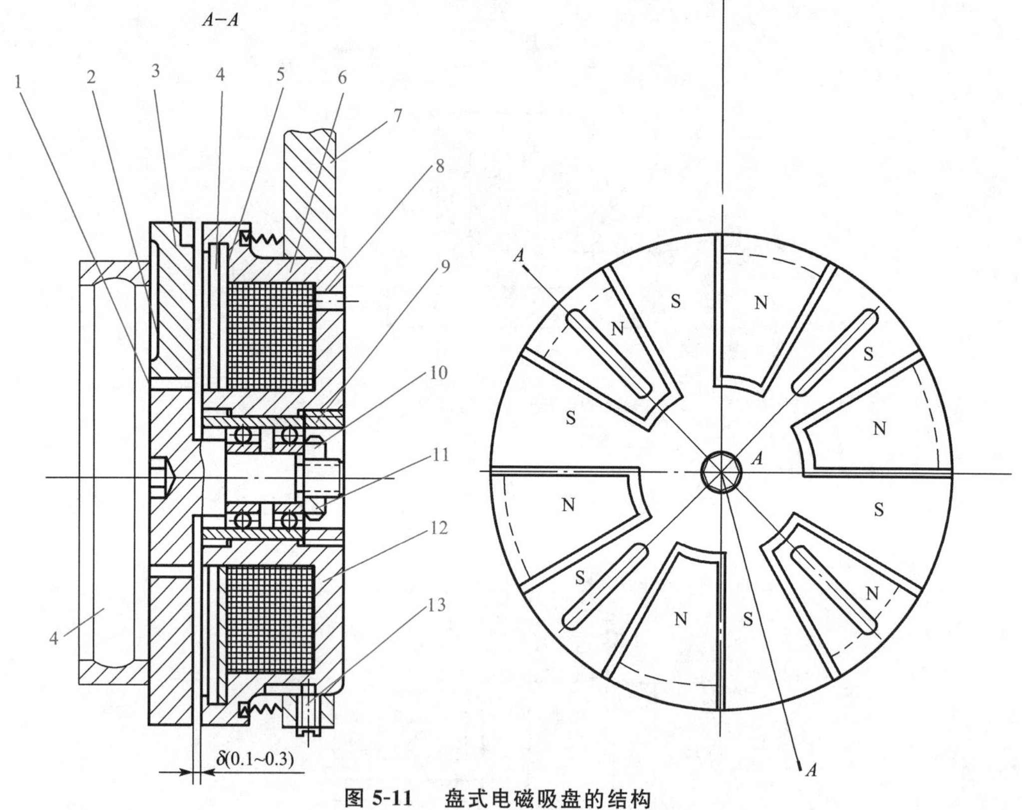

图 5-11　盘式电磁吸盘的结构

1—铁芯；2—隔磁环；3—磁盘；4—卡环；5—盖；6—壳体；7—手臂；8、9—挡圈；10—螺母；11—轴承；12—线圈；13—螺钉；14— 工件

如果单独采用永久磁铁来制作电磁吸盘，则必须强迫性地取下工件，因此这种电磁吸盘应用很少。

电磁吸盘只能吸住铁磁性物质，如钢铁件，其缺点是被吸附的工件留有剩磁，电磁吸盘上常会吸附铁屑，而妨碍工作，它适用于吸附有剩磁而无妨的场合和带网孔的钢铁板料等。对于不允许有剩磁的工件，如钟表和仪表类零件，则不能选用电磁吸盘。另外，钢、铁等铁磁材料在温度 723 ℃ 以上时磁性将会消失，故高温条件下不宜使用电磁吸盘，图 5-12 所示为电磁吸盘吸料，其中图 5-12(a) 所示为吸附滚动轴承座圈的电磁吸盘，图 5-12(b) 所示为吸附钢板的电磁吸盘，图 5-12(c) 所示为吸附齿轮的电磁吸盘，图 5-12(d) 所示为吸附多孔钢板的电磁吸盘。

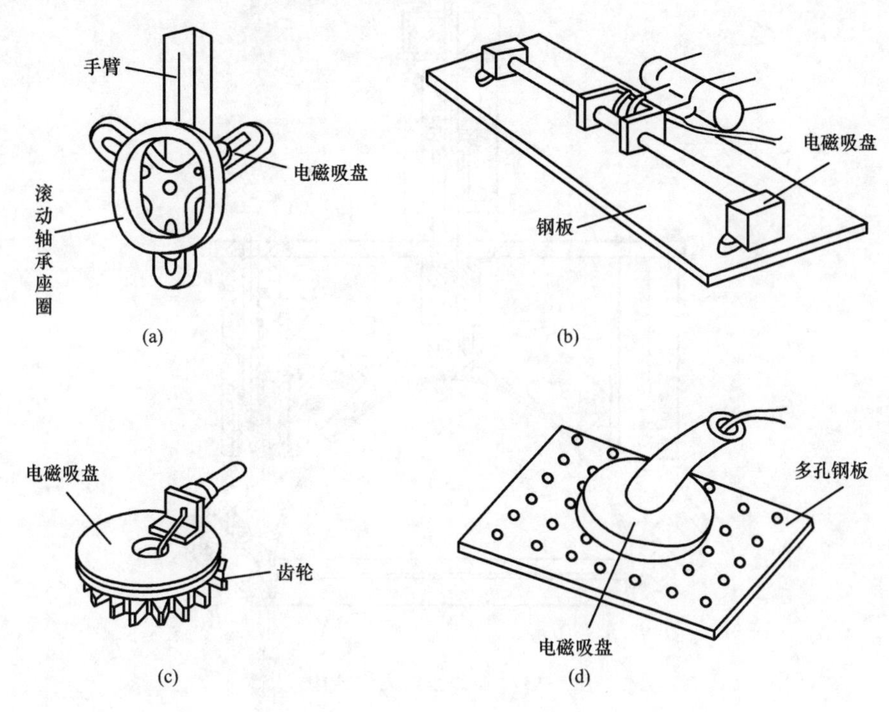

图 5-12　电磁吸盘吸料

二、电磁吸盘的选用要素

1. 应具有足够的电磁吸附力

电磁吸附力由所吸附工件的重量来确定，当电磁吸盘的形状、尺寸以及线圈确定后，则电磁吸附力也就固定了，此时可通过改变电压来微调电磁吸附力的大小。线圈的温度应保持在额定范围之内。

2. 应根据被吸附对象的要求来确定电磁吸盘的形状

电磁铁吸附工件的表面一般为平面，但也有弧形曲面，如图5-13所示的电磁铁1吸附灯壳废边料2的吸头为弧形曲面，它与边料弯曲形状相似。因此电磁吸盘的形状和尺寸应根据工件表面形状与尺寸的要求而设计。

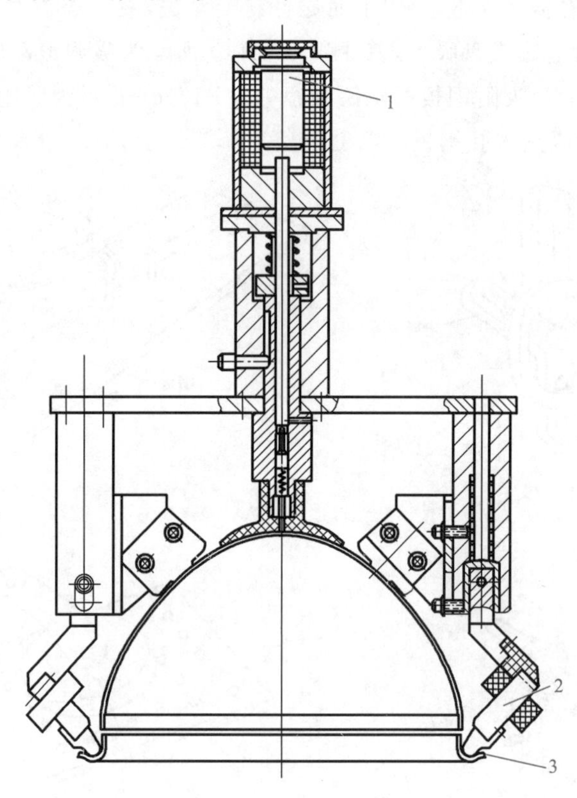

图 5-13　曲线型电磁铁结构

1,2—电磁铁；3—弧形边料

电磁吸盘和气吸式吸盘的特点见表5-3。

表 5-3　电磁吸盘和气吸式吸盘的特点

电磁类型	电磁吸盘	气吸式吸盘
适用范围	适用于磁性材料，有沟槽或穿孔的工件均能吸住。对于不准有剩磁的工件不能选用	适用于表面相当平整和光滑的材料，且材质不受限制
吸附力	单位面积可以有较大吸附力	单位面积吸附力有限

续表

吸盘力型	电磁吸盘	气吸式吸盘
吸附要求	在磁盘上有剩磁，因而会吸附铁质碎屑，有划伤工件和吸附效果不平整的可能	要求吸附边缘和工件表面不允许有碎屑堆积，否则就吸不住工件
吸附能力	可快速吸附工件	达到所要求的压力后才能吸附工件，故需要一定时间
结构	简单	较复杂
使用寿命	较长	有限

三、电磁吸附力的计算

作用在被磁化的铁磁物质(如电磁铁的衔铁或电磁吸盘上的被吸工件)上的电磁吸附力的大小与磁力线穿过磁极的总面积及空气隙中磁感应强度的平方成正比。如果磁感应强度 B 沿磁极表面均匀分布，则计算电磁吸附力的基本公式为

$$F=\frac{B^2}{2\mu_0}S \tag{5-1}$$

式中　F—— 电磁吸附力，J/cm；

B—— 空气隙中的磁感应强度，又称磁通密度，$\mathrm{Wb/cm^2}$；

S—— 空气隙的横截面积，即铁芯柱横截面积，$\mathrm{cm^2}$；

μ_0—— 空气隙磁导率，是常数，$\mu_0=4\pi\times10^{-9}\,\mathrm{H/cm}$。

如果 B 以高斯(Gs)($1\,\mathrm{Gs}=10^{-4}\,\mathrm{Wb/m^2}$) 计量，则经换算得

$$F=\left(\frac{B}{5\,000}\right)^2 S \tag{5-2}$$

因为

$$B=\frac{\Phi}{S}$$

所以

$$F=\left(\frac{\Phi}{5\,000}\right)^2\frac{1}{S} \tag{5-3}$$

式中　Φ—— 空气隙中的磁通，麦克斯韦(Mx)，$1\,\mathrm{Mx}=10^{-8}\,\mathrm{Wb}$。

如图 5-9 所示，由两个气隙共同作用产生的总吸附力为单个气隙产生电磁吸附力的 2 倍，即

$$F=2\left(\frac{B}{5\,000}\right)^2 S \tag{5-4}$$

上述公式是在假定磁极端面下的磁通分布均匀的条件下得出来的，因此，它适用于气隙极小时电磁吸附力的计算，如衔铁及工件处在吸合位置或接近于吸合位置的时候。若气隙较大，则上述公式应加入一个修正系数，用以修正空气隙中由于磁通的不均匀分布所引起的误差，故

$$F = 2\left(\frac{B}{5\ 000}\right)^2 S\frac{1}{1+a\delta} \tag{5-5}$$

$$F = 2\left(\frac{\Phi}{5\ 000}\right)^2 \frac{1}{S(1+a\delta)} \tag{5-6}$$

式中　a—— 修正系数，由经验一般取 $3 \sim 5$；

δ—— 气隙长度，cm。

在交流电磁铁中，磁场是交变的，电磁吸附力也是波动的，一般按电磁吸附力的平均值来计算，其平均吸附力 F_{CP} 的大小为吸附力最大值的一半，即 $F_{CP} = \frac{1}{2}F_{\max}$，其中 $F_{\max} = 2\left(\frac{B_{\max}}{5\ 000}\right)^2 S$，式中 $B_{\max}$ 是磁感应强度的最大值。

由于交流电磁铁的吸附力是波动的，易产生振动和噪声，克服办法是加短路环（或隔磁环），以消除衔铁的振动，图 5-11 中的隔磁环能起消除吸盘振动的作用。

根据工作需要，电磁铁所能产生的电磁吸附力 F 应满足吸盘吸附工件时所需的吸力 F'（$F \geqslant F'$），因此，要求电磁铁的线圈必须具有足够的磁感应强度 B 或磁通 Φ，而这些数值必须通过磁路计算才能求得，磁路计算是复杂的，为了计算简便，在忽略铁磁阻的条件下用近似的方法计算，可以先初步确定电磁铁导磁体的磁感强度或磁极面积及吸盘吸附力 F'，即可计算线圈尺寸，绘出电磁铁的结构草图，然后验算电磁铁的吸附力是否满足要求。

1. 确定电磁吸盘的吸附力 F'

因工作需要 $F \geqslant F'$

$$F' = GK_1K_2K_3 \tag{5-7}$$

式中　G—— 工件质量，kg；

K_1—— 安全系数，可取 $1.5 \sim 3.0$；

K_2—— 工作情况系数；

K_3—— 方位系数，可参考气吸式吸盘系数的选取原则。

2. 已知 F 和 S，计算磁感应强度 B 或磁通 Φ

因为 $F=\left(\frac{B}{5\ 000}\right)^2 S$

所以

$$B=5\ 000\sqrt{\frac{F}{S}} \tag{5-8}$$

或

$$\Phi=5\ 000\sqrt{FS} \tag{5-9}$$

由于漏磁的影响，线圈磁势产生磁通 Φ_{cm}（电磁铁的磁通）必须大于气隙中的工作磁通 Φ，故用漏磁系数 σ 来表示两者关系，即

$$\Phi_{cm}=\sigma\Phi \tag{5-10}$$

式中　σ——漏磁系数，根据经验，σ 取 1.3～3，当气隙长度 δ 大时，σ 取大些，当 δ 小时，则 σ 取小些，一般可粗略取 2。

有了磁感应强度即可选取电磁铁的材料，一般电磁铁导磁体中的磁感应强度 B_{cm} 为 12 000～14 000 Gs，小值适用于普通钢，大值适用于纯铁。当要求电磁铁的灵敏度较高时，可取 $B_{cm}=4\ 000\sim 7\ 000$ Gs。有了磁感应强度和导磁体的材料，可根据磁化曲线来确定结构各部分单位长度所需的安匝数，这必须在线圈尺寸确定后才能计算，因此，常采用近似方法先求总的安匝数，根据此数求线圈尺寸和确定磁路，然后验算近似的总安匝数。

3. 初算总安匝数 IW

为了初算总安匝数，可假设磁路中的磁势主要消耗在工作气隙上，其次是铁芯和非工作气隙中，故将工作气隙需要的安匝数稍加大些，即可作为近似的总安匝数

$$\mathrm{IW}=\frac{2B\delta}{\mu_0(1-\alpha)}\times 10^{-8}\text{（安匝）} \tag{5-11}$$

式中　B——气隙中的磁感应强度，Gs；

δ——磁通经过的气隙长度，它应包括吸盘开始吸附工件时的气隙 δ_1，吸盘吸附工件后的密合气隙 δ_2（由加工精度和表面粗糙度而定），因此，磁通所经过的气隙长度为 $\delta=\delta_1+\delta_2$，cm；

α——消耗系数，取 $\alpha=0.15\sim 0.30$；

μ_0——空气磁导率，$\mu_0=1.25\times 10^{-8}$ H/cm。

当初步确定总安匝数后，可以计算线圈尺寸。

4. 线圈尺寸的计算

在确定了总安匝数和选好供电电压以及线圈的平均直径后，可计算线圈尺寸，如图 5-14 所示。

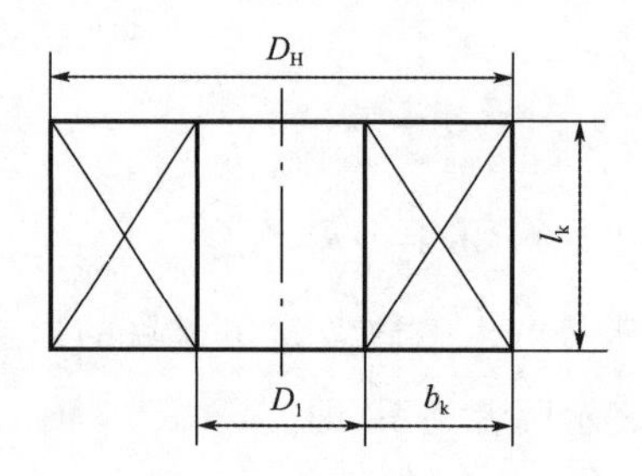

图 5-14　线圈尺寸

(1) 导线直径

$$d = \sqrt{\frac{4\rho D_{CP}\ \mathrm{IW}}{U}} \tag{5-12}$$

式中　U—— 线圈的电压，V；

IW—— 线圈磁势，安匝；

ρ—— 电阻率，$\Omega \cdot \mathrm{mm}^2/\mathrm{m}$，它与工作温度有关，其值可查表 5-4；

表 5-4　铜导线的电阻率 ρ

工作温度 /℃	电阻率 /($\Omega \cdot \mathrm{mm}^2 \cdot \mathrm{m}^{-1}$)	工作温度 /℃	电阻率 /($\Omega \cdot \mathrm{mm}^2 \cdot \mathrm{m}^{-1}$)
20	0.017 54	90	0.022 36
35	0.018 57	105	0.023 39
40	0.019 91	120	0.024 43

D_{CP}—— 线圈的平均直径，即 $D_{CP} = D_1 + b_k$，m；D_1 为线圈的内径，m；b_k 为线圈的宽度，mm。

线圈的宽度应考虑它的经济性，并与线圈的允许温度 θ、填充系数 f_k 和散热系数 μ_m 等有关，故

$$b_k = \sqrt[3]{\frac{\rho(\mathrm{IW})^2}{20\mu_m f_k \theta\beta^2}} \tag{5-13}$$

式中　μ_m—— 散热系数，一般为 0.001 0 ～ 0.001 2，高温取大值，低温取小值；

f_k—— 填充系数，可取 $f_k = 0.45$；

θ—— 线圈的允许温度；

β—— 线圈的高度 l_k 与其宽度 b_k 的比值($\beta = l_k/b_k$)，对于盘式直流电磁铁，取 $\beta = 2 \sim 4$，螺管式直流电磁铁，取 $\beta = 7 \sim 8$。

由上述公式求得的导线直径，应圆整成标准直径值。

(2) 线圈匝数

$$W = \frac{\mathrm{IW}}{I} = \frac{\mathrm{IW}}{jq}$$

$$q = \frac{\pi}{4}d^2$$

所以

$$W = \frac{1.28\mathrm{IW}}{jd^2}\text{(匝数)} \tag{5-14}$$

式中　d—— 导线直径，mm；

j—— 允许电流密度，A/mm²。对于长期工作的电磁铁吸盘，取 $j = 2 \sim 4$ A/mm²。

当选定线圈匝数和带绝缘层的导线直径 d' 后，线圈的宽度和高度要加以修正，因为每根导线所占空间面积近似地认为 d'^2，整个线圈所占面积为

$$Wd'^2 \approx l_k b_k$$

而

$$\frac{l_k}{b_k} = \beta$$

故修正后线圈尺寸为

$$b_k = \sqrt{\frac{Wd'^2}{\beta}} \tag{5-15}$$

$$l_k = \beta b_k \tag{5-16}$$

5. 核算线圈的温升

$$\theta = \frac{U^2}{R\eta_m S_1} \tag{5-17}$$

$$R = \rho\frac{\pi D_{CP}}{q}W \tag{5-18}$$

式中　R—— 线圈的电阻，Ω；

q—— 导线截面积，mm²；

D_{CP}—— 线圈的平均直径，m；

S_1—— 散热表面积，$S_1 = \pi(D_H + \eta_m D_1)l_k$，$cm^2$；

η_m—— 视线圈结构而定的系数，对于绕在铁芯上的线圈，取 $\eta_m = 2.4$；

U—— 线圈的电压，V。应以额定电压的 1.1 或 1.05 倍代入公式。

初步确定线圈尺寸和安匝数后，即可确定电磁铁的结构尺寸，绘制电磁吸盘的结构草图，而后进一步验算各参数，如线圈磁势、磁路、电磁吸附力、线圈温升等。

图 5-13 所示的电磁铁 3，类似螺管式电磁铁，其尺寸如图 5-15 所示，其中衔铁在线圈中做上、下运动，直流电磁铁吸力的近似计算公式为

$$F = 6.4 \times 10^{-8}(\mathrm{IW})^2\left[\frac{\pi r^2}{\delta} + \frac{g}{\mu_0}\left(\frac{Z}{l_c}\right)^2\right] \tag{5-19}$$

式中　g—— 单位长度上的磁导，称为比磁导。

$$g = \frac{2\pi\mu_0}{\ln\dfrac{C+r}{r}}$$

其他各符号的含义如图 5-15 所示。

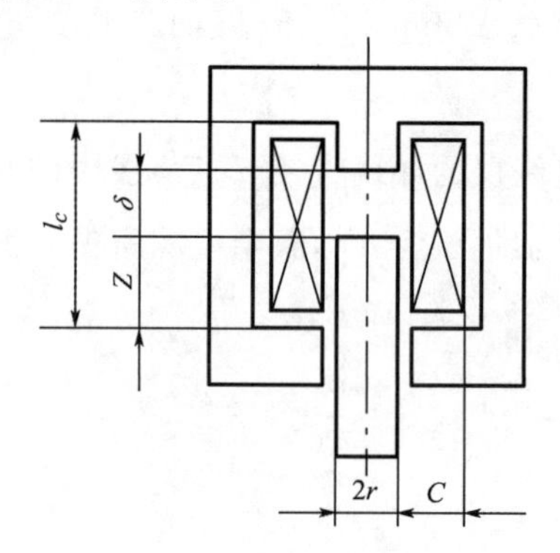

图 5-15　螺管式电磁铁尺寸

图 5-11 所示的盘式电磁吸盘结构的电磁铁线圈的五种规格尺寸见表 5-5，其线圈电源为 24 V 直流电，电磁吸附力为 490 ～ 980 N，可参考选用。

表 5-5　电磁铁线圈尺寸　mm

工件外径	线圈			
	外径	内径	高度	线径
60 ～ 100	100	50	24	0.62
70 ～ 140	125	55	20	0.77
80 ～ 160	135	61	25	0.77
90 ～ 180	165	85	30	0.77
100 ～ 210	185	80	30	0.72

图 5-16 所示为电磁无芯夹具的电磁吸盘结构。此铁芯、磁极和主轴固定在一起做旋转运动，铁芯运动过程中切割磁力线，且能量损失比较大，计算电磁吸附力时，应考虑铁芯在动态情况下的能量损失。两个浮动块起支承工件和定位作用。

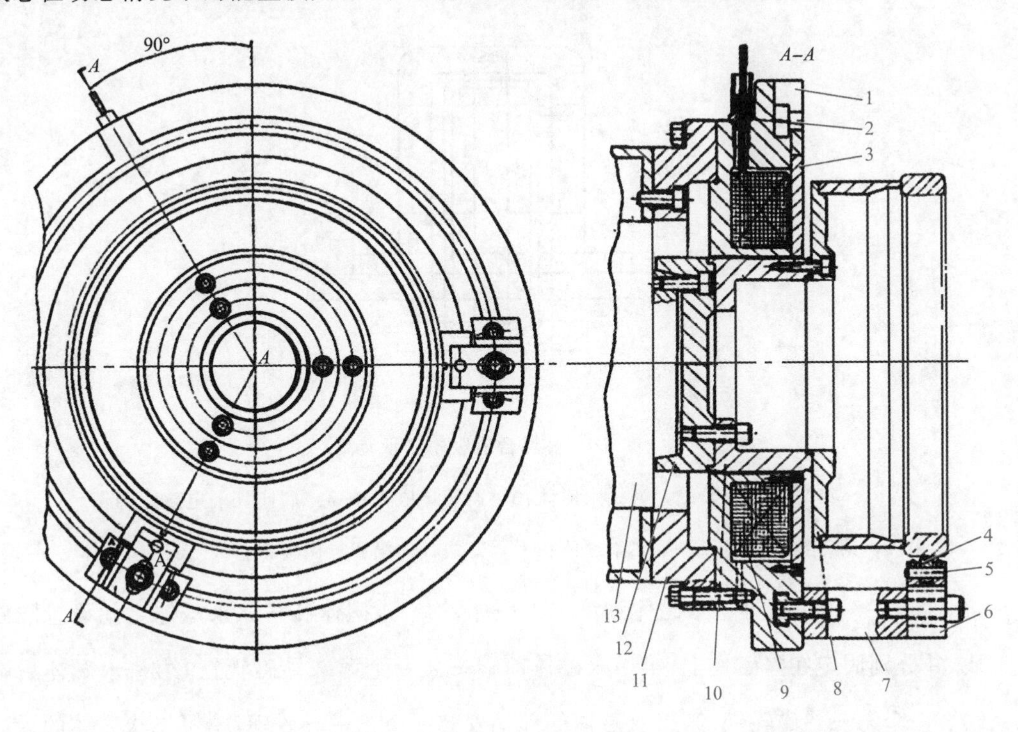

图 5-16　电磁无芯夹具的电磁吸盘结构

1—夹具体；2—软管接头；3—隔磁环；4—浮动块；5—销子；6—支承；7—支承座；8—磁极；9—线圈；10—铁芯；11—过渡座；12—铁芯座；13—主轴

单元三　电磁吸附式手爪的优化结构

电磁吸盘依靠电磁吸附力吸附工件，如果停电，电磁吸附力突然消失会导致工件掉落造成危险，故考虑采用特殊的断电保护结构以避免这种情况的发生。

利用混合磁吸附的办法能解决断电磁力消失的问题。混合磁吸附是指同时使用永磁铁和电磁铁。利用不同磁铁的不同特性：电磁铁断电时，永磁铁作用，对外特征为充磁状态，此刻夹紧工件，不消耗能量就能使工件牢牢吸附在接触面上；电磁铁通电时，与永磁铁磁场相抵消，使磁场在系统内部自身平衡，对外特征为消磁状态，此刻释放工件。

混合磁吸附结构不需要额外消耗能量就能够牢固吸附在工件表面，并且拆卸方便，如图 5-17 所示为船体表面悬挂重物的混合磁吸附结构。

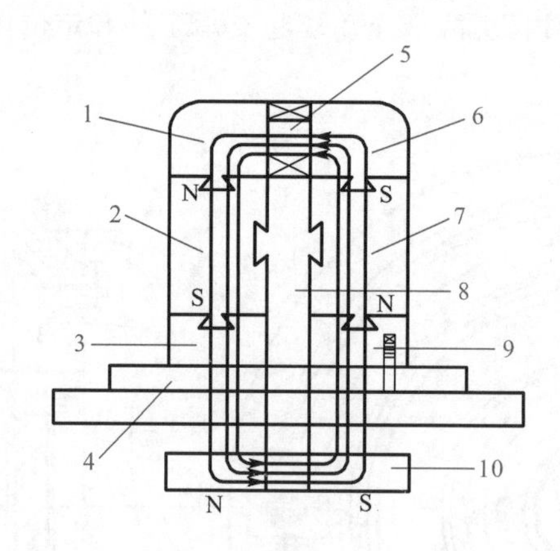

图 5-17　混合磁吸附支承装置

1—第二导磁轭铁；2—第一永磁体；3—第三导磁轭铁；4—底座；5—电磁线圈；6—第一导磁轭铁；7—第二永磁体；8—隔磁块；9—第四导磁轭铁；10—第三永磁体

图 5-17 中包括第一永磁体和第二永磁体，第一永磁体和第二永磁体之间设置隔磁块，并分别固定在隔磁块上，第一永磁体前端安装一个第二导磁轭铁，第一永磁体后端安装一个第三导磁轭铁，第二永磁体的前端安装一个第一导磁轭铁，第二永磁体的后端安装一个第四导磁轭铁，第一导磁轭铁和第二导磁轭铁之间安装有电磁线圈，第三导磁轭铁和第四导磁轭铁固定安装在底座上，底座靠在船体壁板上，还可以在船体壁板的另外一侧设置第三永磁体，通过在被吸附面内侧加设了第三永磁体，从而减少了漏磁；第一永磁体、第三导磁轭铁、第三永磁体、第四导磁轭铁、第二永磁体、第一导磁轭铁、第二导磁轭铁之间能够形成一个封闭的磁通回路，电磁线圈的接通能够使磁通回路断开。

工作时，第一永磁体和第二永磁体被隔磁块分隔，所产生的磁路沿着第一永磁体、第三导磁轭铁、底座、第三永磁体、第四导磁轭铁、第二永磁体、第一导磁轭铁、被线圈围绕的铁芯(电磁线圈)、第二导磁轭铁形成一个永久的环形磁场，此时装置牢固地吸附在船壁上；当需要从船上顺利地拆卸本装置时，为了能够减小拔起力，首先移去第三永磁体，再在围绕铁芯的线圈上通入电流，使产生电磁场的方向和原先磁通的方向相反，减小了磁通，同时也使装置和工件之间的吸附力减小，装置底部装有弹簧，在拔起装置的过程中提供了一个向上的力，抵消部分磁吸附力，可轻松进行拆卸。

由以上分析可知，这种结构一方面可以起到安全保护的作用，另一方面可以起到节约能源的作用，并且给设计打开了新的思路。在科学技术不断发展的今天，我们要解放思想，集百家之长，利用不同的方法与资源达到最优的结果。这也要求我们要做广泛的调研，不断学习，才能为手头的工作积累素材与经验，这样才能达到事半功倍的效果。

小　结

本模块主要介绍了磁吸附式手爪的结构与原理，对电磁吸附力的计算方法进行了阐述，最后利用混合磁吸附的方式解决了断电导致消磁带来危险的问题。

拓展资料

素养提升

习近平总书记指出，科技创新，就像撬动地球的杠杆，总能创造令人意想不到的奇迹。从机械臂协助航天员完成出舱作业，到自主水下机器人完成北极海底科学考察，机器人研发生产领域的一项项突破，标注着我国自主创新的坚实脚印。走过从无到有、由弱到强的发展历程，我国机器人产业形成了较为完善的产业链，成为支撑世界机器人产业发展的重要力量。但也要看到，我国机器人产业总体仍处于发展的初期阶段，很多关键核心技术仍有待进一步突破，高端供给仍然不足，推动机器人产业更好发展、造福百姓，还有很长的路要走。

当前，新一轮科技革命和产业革命加快演进，为我国机器人产业发展创造了新的机遇，也带来了新的挑战。强化基础研究和技术攻关，加快突破关键核心技术，不断拓展机器人创新的广度和深度，机器人产业高质量发展必将为中国制造向中国智造转变注入强劲动能。

思考题

一、判断题

1. 永磁吸附的优点是维持吸附力不需要外加能量，安全性好，但步行时磁体与壁面分离，需施加外力。 ( )

2. 电磁吸附的优点是不容易实现磁体与壁面之间的离合，移动缓慢，维持吸附力需要电能，电磁铁重量很重。 ( )

3. 相比于气吸式吸盘，电磁吸盘的优点是单位面积有较大吸附力，可快速吸附工件，结构简单，使用寿命较长等。 ( )

4. 电磁铁吸取工件的表面必须为平面。 ( )

二、单选题

1. 选用电磁吸盘时需要考虑的因素是( )。

A. 应具有足够的电磁吸附力

B. 应根据被吸附对象的要求来确定电磁吸盘的形状

C. 以上都是

2. 电磁吸附力由( )确定。

A. 所吸附工件重量　　B. 所吸附工件尺寸　　C. 所吸附工件形状

三、简答题

1. 电磁式吸附式与永磁式吸附式相比，有哪些特点？

2. 试分析电磁吸盘的磁吸原理。

3. 说明电磁吸盘的选用要素。

4. 与气吸附式吸盘相比，电磁吸盘有哪些特点？

5. 请说明混合磁吸附的原理。

模块六 其他末端操作器

学习目标

1. 掌握专用末端操作器的结构、应用与分类。
2. 了解常见的末端操作器的应用。
3. 掌握末端操作器生产中的案例应用。

能力目标

1. 具备根据专用末端操作器要求合理匹配机器人的能力。
2. 具备应用专用末端操作器设计要求合理设计手爪的能力。
3. 具备应用末端操作器对实际问题进行知识转化应用的能力。

素质目标

1. 培养认真学习的态度、科学严谨的思维。
2. 培养创新发散思维。
3. 培养自主探究的学习能力以及团队合作的精神。

单元一　专用末端操作器

在机器人技术领域内，手爪位于机器人手臂的末端，负责与外界环境进行动作交流，也被称为末端操作器，是工业机器人直接用于抓取和握紧专用工具进行操作的部件。当这种装置的动作与工业机器人手腕和手臂的运动相协调时，就可以成功地完成作业。

不同的手爪种类由机器人的不同作业性质决定。除前面模块所介绍的手爪外，还有并联结构末端操作器、多指灵巧手、加工用末端操作器、量用末端操作器、软体机器人末端操作器等。

一、并联结构末端操作器

现代机器人手爪技术已经取得了长足的进步，为工业机器人提供了更高效、更精确的操作能力。一种常见的机器人手爪技术是并联结构，如图 6-1 所示，由多个关节和操作器组成机械结构，使得该结构具有更大的自由度和灵活性。并联结构可以根据物体的形状和尺寸实现自适应抓取，克服了传统手爪的不足。此外，该技术还可以提供更好的力控制和力传感能力，使得工业机器人能够根据需要调整对物体的握持力度，实现更加精确的操作。

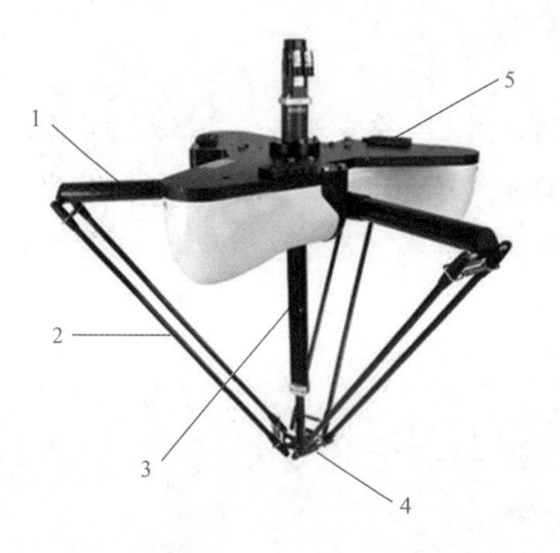

图 6-1　并联结构

1—主动臂；2—从动臂；3—旋转轴；4—动平台；5—静平台

1. 并联结构的发展

1931 年，Gwinnett 在其专利中提出了一种基于球面并联结构的娱乐装置，这是并联结构机器人的雏形。随着机电及计算机控制相结合的先进技术的发展，并联结构机器人相比传统串联结构机器人，具有刚度大、承载能力强、误差小以及精度高等优点，从而扩大了工业机器人的应用领域。由于并联结构机器人具备集传感器技术、电子技术、机械设计、精密运动控制、系统工程技术等多项技术于一身的特点，坚持以机械和控制工程为主体，可实现多个学科有机结合，并联结构机器人吸引了国内外学术界与工程界的广泛关注。如图 6-2 所示为并联结构机器人在医药领域的应用。

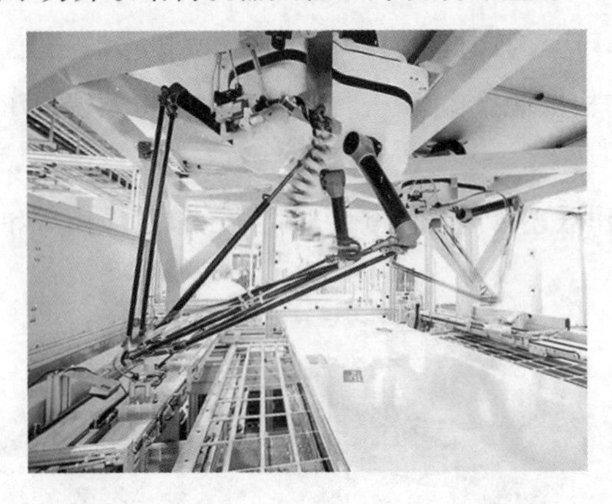

图 6-2　并联结构机器人在医药领域的应用

2. 并联结构末端操作器的组成

并联结构末端操作器是由运动副和构件组成，并按一定的方式连接而成的闭环机构。如图 6-3 所示，动平台和静平台通过至少两个独立的连杆相连接。并联结构末端操作器具有两个或两个以上自由度，以并联方式驱动。

图 6-3　并联结构末端操作器的组成

3. 并联结构末端操作器的类型

按驱动方式分类，并联结构末端操作器可分为液压式、气动式和电动式。

按运动空间分类，并联结构末端操作器可分为平面和空间运动并联结构末端操作器。

按工作特性分类，并联结构末端操作器可分为运动模拟器、虚拟轴机床和机器人操作器。

按结构的对称性分类，并联结构末端操作器可分为结构完全对称、结构部分对称和结构完全不对称的并联结构末端操作器。

按其自由度分类，可分为二自由度并联结构末端操作器、三自由度并联结构末端操作器、四自由度并联结构末端操作器、五自由度并联结构末端操作器和六自由度并联结构末端操作器(图 6-4)。

并联结构末端操作器还可以分为刚性并联结构末端操作器和柔性并联结构末端操作器。

图 6-4　六自由度并联结构末端操作器动感平台

4. 并联结构末端操作器的特点

并联结构末端操作器与串联结构末端操作器在工业机器人领域发挥着不同的作用。由于传统的串联结构末端操作器是由关节顺次连接而成的一个开链式机构，其承载能力弱、刚度低、精度不高，在一定程度上限制了其在某些领域中的应用。并联结构末端操作器则是采用多个并行链构成的闭环机构，其零部件数目较少，容易实现组装和模块化。因此，并联结构机器人呈现出以下特点：

(1) 承载能力强，定位精度较高。

(2) 运动装置负荷小，速度快，动态响应好。

(3) 结构紧凑，刚度高，承载能力强。

(4) 完全对称的并联结构末端操作器具有较好的各向同性。

(5) 工作空间占用小。

5. 并联结构末端操作器的应用

并联结构末端操作器由于其本身结构的特点，多用于需要高刚度、高精度和高速度且不需要很大工作空间的场合。目前主要应用于数控机床(或称虚拟轴机床)、运动模拟器、微动机器人、空间对接等现代尖端技术领域。具体内容如下：

(1) 精密机构。如细胞操作器、精细外科手术平台、微电子装配、光纤对接等。

(2) 模拟运动。如飞行员驾驶模拟器、娱乐运动等模拟器等。

(3) 对接工具。如汽车装配线的车轮安装、医疗接骨装置等。

(4) 加载工具。如生产线上螺栓紧固、短距离重物搬运等。

(5) 机械加工。如 3D 打印机(图 6-5)、虚拟轴数控机床(图 6-6)、点焊机、切割机等。

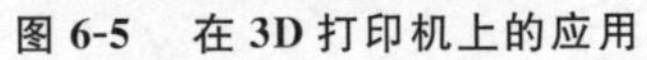

图 6-5 在 3D 打印机上的应用

图 6-6 在虚拟轴数控机床的应用

未来，并联机构机器人的发展趋势将越来越向着智能化和自主性发展，并联结构机器人需要具备更好的安全性和稳定性，通过提升控制系统的精度和稳定性，不断完善传感器技术和运动控制系统，以确保它可以更广泛地应用于各个领域中。

二、多指灵巧手

多指灵巧手属于仿生机器人末端操作器的一种，它能像人手一样进行各种作业。它

的设计开发包含：获得满足人手的形态学特征和功能特征；对多指灵巧手的结构进行分析，并根据人手指在抓取过程中的运动特征抽象出所设计灵巧手的功能需求，指导设计机械手指的机械结构；通过对人手指进行 D-H 运动学分析，求得人手指在空间中的运动学方程，并将其结构进行抽象与简化，推导出可近似模拟机械手指空间运动的方程；制作多指灵巧手原型，并对多指灵巧手的性能进行测试。多指灵巧手通过采用特殊的传感器设计，结合多自由度配置，既能适应绝大部分物体的抓取需求，又能降低多指灵巧手的成本，从而实现其在科研、工业、服务等领域的应用，如图 6-7 所示。

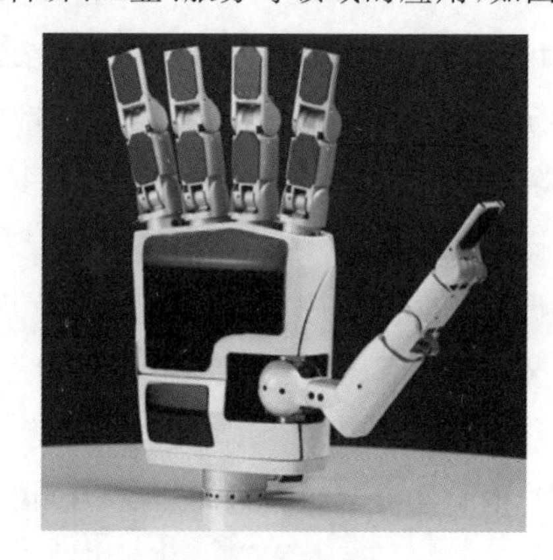

图 6-7　多指灵巧手

三、加工用末端操作器

加工用末端操作器是指带有喷枪、焊枪、砂轮、齿轮、铣刀等加工工具的工业机器人附加装置，用来进行相应的加工作业。如图 6-8 所示。

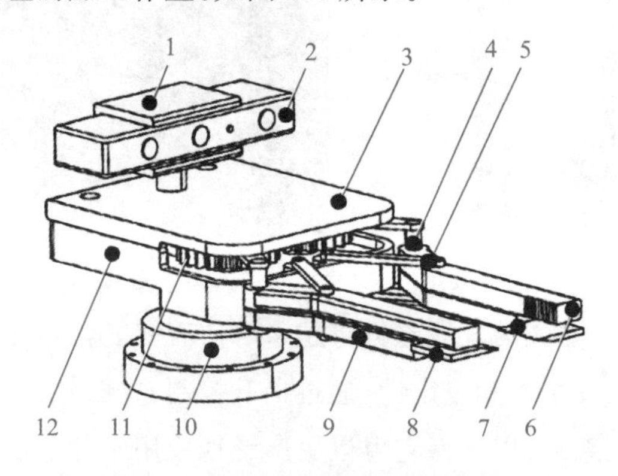

图 6-8　玫瑰花采摘末端操作器

1—视觉相机支架；2—视觉相机；3—操作器上外壳；4—销轴；5—连杆；6—花茎夹爪；7—锯齿刀片；8—平刀片；9—刀片刀架；10—传动轴外壳；11—传动齿轮；12—操作器下外壳

四、量用末端操作器

量用末端操作器是指装有测量头或传感器的附加装置，用来进行测量及检验作业。近年来，国内学者也开始致力于多功能末端操作器的研究。齐振超等人联合航空工业成都飞机工业（集团）有限责任公司研制出一款采用激光距离传感器结合法向找正和标定算法的制孔末端操作器，实现了对制孔过程法向精度的控制，如图 6-9 所示。

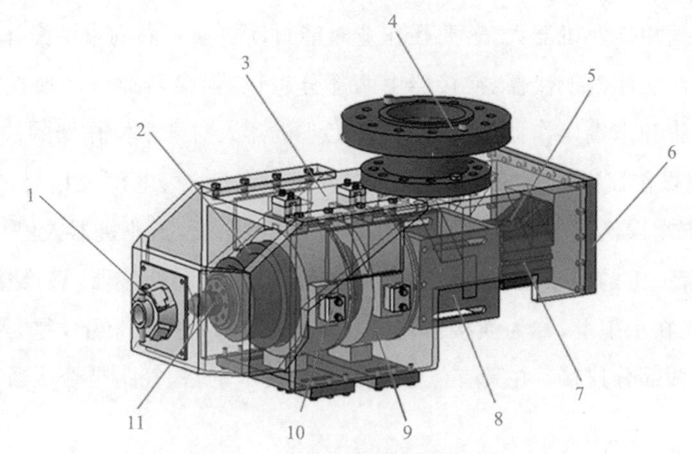

图 6-9　制孔末端操作器的结构

1—压脚；2—电主轴；3—支撑框架；4—法兰盘；5—气缸支架；6—后盖；
7—气缸；8—连接架；9—轴套；10—可调滑块；11—窝深控制装置

五、软体机器人末端操作器

机械臂末端操作器是自动化生产设备的重要组成部分，但是这种刚性手爪不适合抓取易碎且形状不规则的物体。基于软体机器人技术的发展，国内外越来越多的学者开始关注软体机器人末端操作器。软体驱动器是软体机器人末端操作器的重要组成部分，其结构形态多种多样，如仿生象鼻、仿生海星、仿生章鱼软体末端操作器等，如图 6-10 所示。

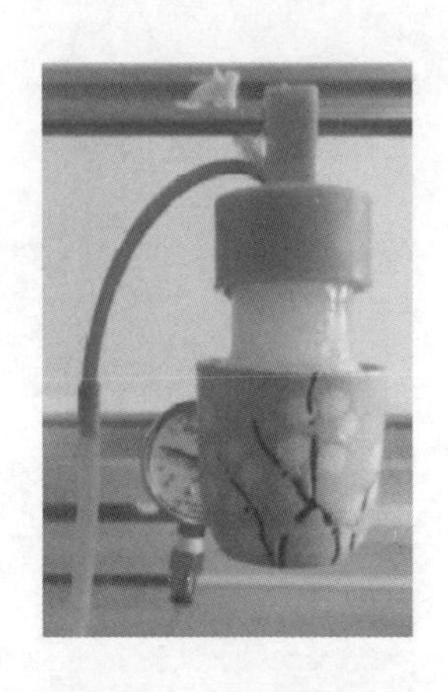

图 6-10　软体驱动器

单元二 末端操作器的换接装置和检测装置

一、换接器或自动手爪更换装置

使用一台通用工业机器人,若要在作业时能自动更换不同的末端操作器,则需要配置具有快速装卸功能的换接器。换接器由两部分组成:换接器插座和换接器插头,分别装在机器人手腕和末端操作器上,能够实现工业机器人对末端操作器的快速自动更换。

专用末端操作器换接器的要求主要有:同时具备气源、电源及信号的快速连接与切换;能承受末端操作器的工作载荷;在失电、失气情况下,工业机器人停止工作时不会自行脱离;具有一定的换接精度;等等。图 6-11 所示为气动换接器。该换接器也分成两部分:一部分装在手腕上,称为换接器;另一部分装在末端操作器上,称为配合器。利用气动锁紧器将两部分连接,并具有位置指示灯以表示电路、气路是否接通。

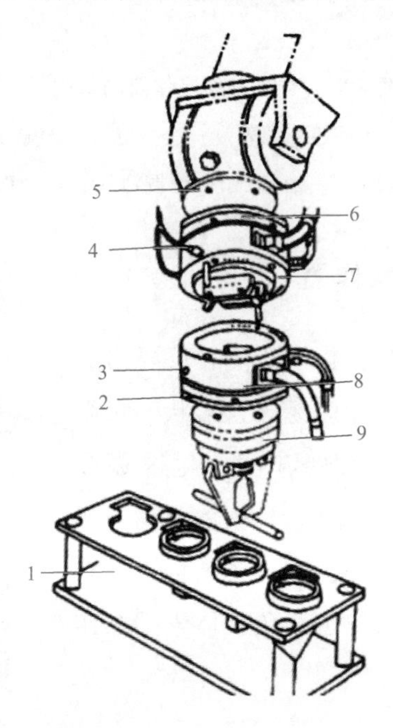

图 6-11　气动换接器

1—末端操作器库;2—操作器过渡法兰;3—位置指示灯;4—换接器气路;5—连接法兰;6—过渡法兰;7—换接器;8—换接器、配合器;9—末端操作器

具体实施时，各种末端操作器放在工具架上，组成一个专用末端操作器库，如图6-12所示。

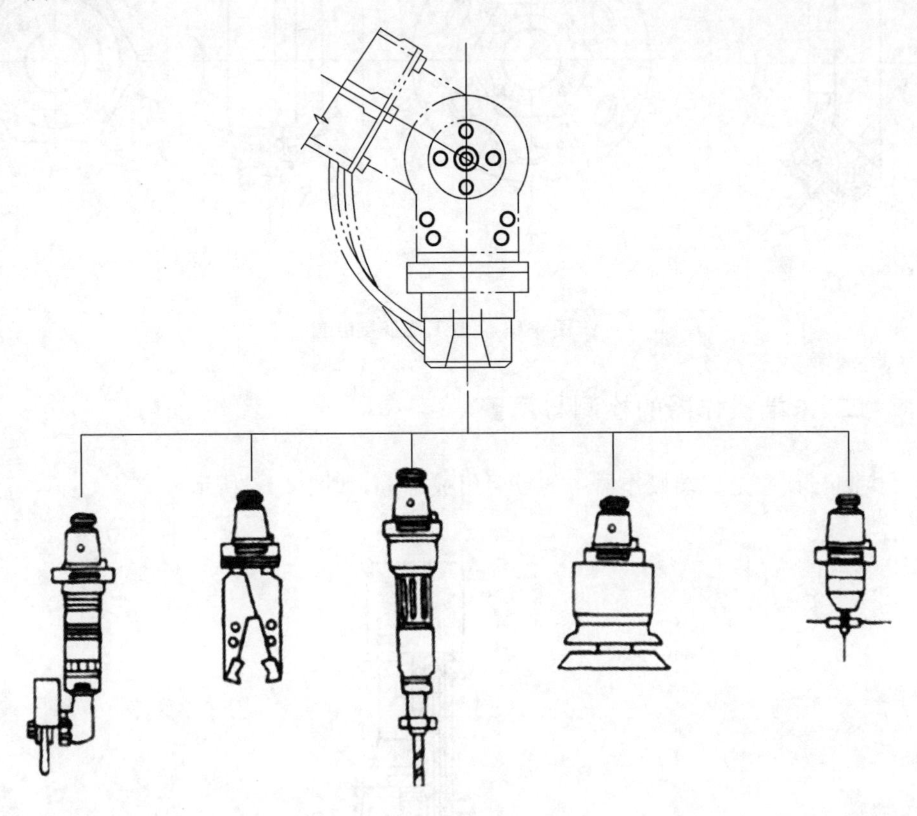

图6-12　专用末端操作器库

某些工业机器人的作业任务较为集中，需要换接一定量的末端操作器，又不必配备数量较多的末端操作器库。这时可以在工业机器人手腕上设置一个多工位换接装置。例如，在工业机器人柔性装配线某个工位上，工业机器人要依次装配如垫圈、螺钉等零件，装配采用多工位换接装置，可以从几个供料处依次抓取几种零件，然后逐个进行装配，既可以减少专用工业机器人的数量，也可以避免通用工业机器人频繁换接末端操作器和节省装配作业时间。多工位换接装置如图6-13所示，就像数控加工中心的刀库一样，有棱锥型和棱柱型两种形式。棱锥型换接装置可保证手爪轴线和手腕轴线一致，受力较合理，但其传动机构较为复杂；棱柱型换接装置传动机构较为简单，但其手爪轴线和手腕轴线不能保持一致，受力不良。

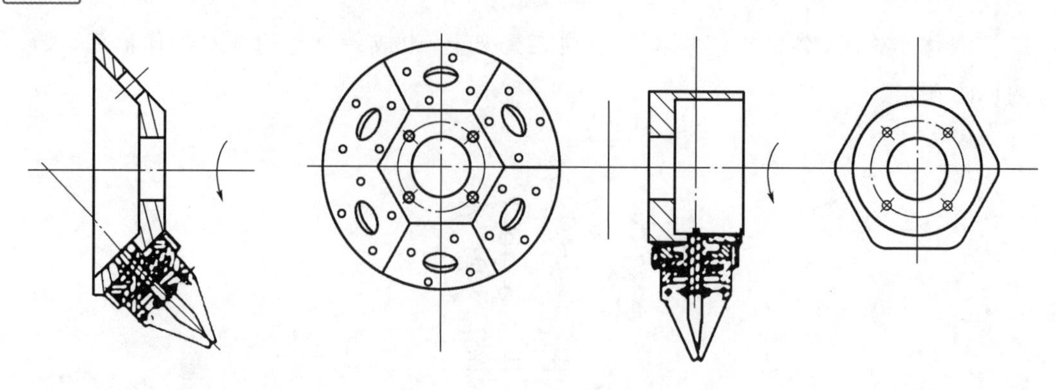

图 6-13　多工位换接装置

二、末端操作器的检测与预警

检测与预警是末端操作器中的重要组成部分，如图 6-14 所示。

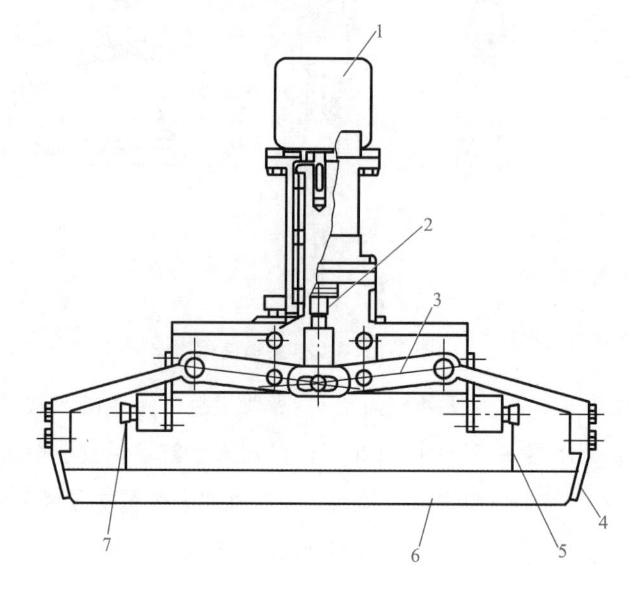

图 6-14　末端操作器中的检测与预警

1—回转动力源；2—驱动构件；3—连杆；4—指爪；5、7—限位开关；6—工件

1. 工作原理

末端操作器装有限位开关。在末端操作器沿垂直方向接近工件的过程中，限位开关检测末端操作器与工件的相对位置。当工件接触限位开关时发信号，气缸通过连杆驱动末端操作器夹紧工件。

检测末端操作器与工件的相对位置通常采用光电传感器来实现。光电传感器是以

光电元件作为转换元件的传感器。它可用于检测直接引起光量变化的非电量，如光强、光照度、辐射测温等；也可用来检测能转换成光量变化的其他非电量，如工件的直径、表面粗糙度、应变、位移、振动、速度、加速度以及工件的形状、工作状态的识别等。光电传感器具有非接触、响应快、性能可靠等特点。

2. 图像识别

图像识别是运用模式识别的原理对图像对象进行分类的技术。

(1) 信息的获取

信息的获取通过传感器，将光或声等信息转化为电信息。

(2) 预处理

信号增强：去除噪声，加强有用信息。

信号恢复：对退化信息进行复原。

归一化处理：例如图像大小的归一化，神经网络输入数据的归一化。

(3) 特征分类、特征形成、特征提取和特征选择

特征分类：物理特征、结构特征、数学特征。

特征形成：根据被识别的对象产生出一组基本特征，它可以是计算出来的（当识别对象是波形或数字图像时），也可以是用仪表或传感器测量出来的（当识别对象是事物或某种过程时），这样产生的特征称为原始特征。

特征提取：原始特征的数量可能很大，通过映射（或变换）的方法可以用低维空间表示样本，这个过程称为特征提取。映射后的二次特征是原始特征的线性组合（通常是线性组合）。

特征选择：从一组特征中挑选出一些最有效的特征用以降低特征空间维数的过程。

(4) 分类器设计

分类器设计的主要功能是通过训练确定判决规则，使按此类判决规则分类时，错误率最低或风险最小。

(5) 分类决策

分类决策是指在特征空间中对被识别对象进行分类。

单元三 其他末端操作器的应用

为进一步分析末端操作器在实际生产中的应用，此部分将介绍轮胎生产过程中，末端操作器在胶块搬运中的应用，如图 6-14 所示。胶块搬运流程如图 6-15 所示。

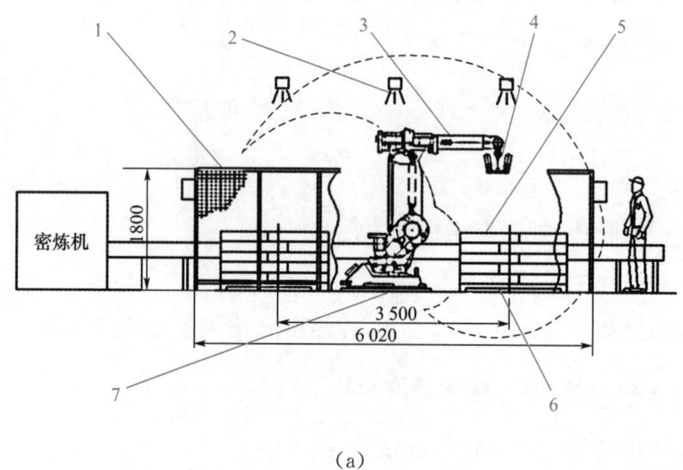

(a)

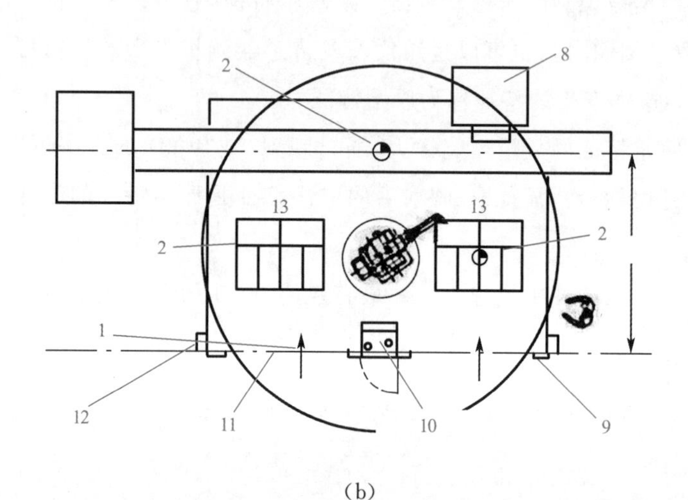

(b)

图 6-14　末端操作器在胶块搬运中的应用

1—安全栏；2—照相测量装置；3—工业机器人；4—抓具；5—胶块；6—托盘；7—机器人底座；8—配料装置；9—三色警示灯；10—机器人控制柜；11—安全光栅；12—操作盘；13—托盘

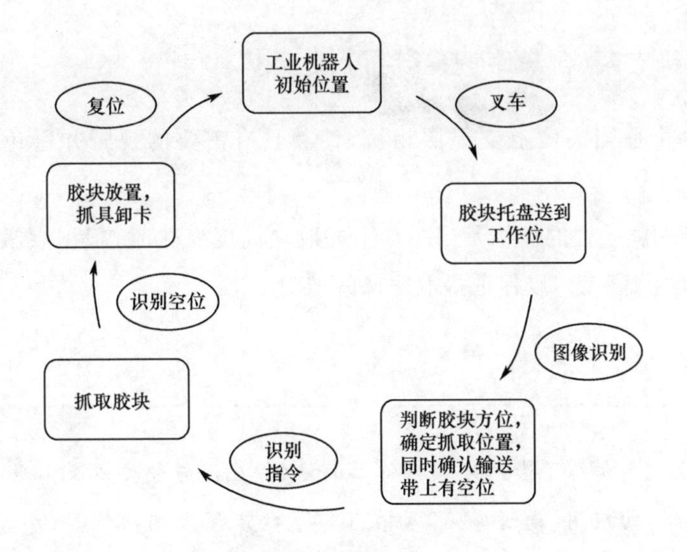

图 6-15 胶块搬运流程

1. 系统工作原理

通过照相测量装置(包括点激光测距装置）确定待搬运胶块的实际位置并将信息传给工业机器人系统，同时通过照相测量装置确认输送带上有空位，然后工业机器人借助抓具将胶块从托盘移至输送带空位上。

2. 抓具工作原理

为可靠抓取胶块，通常采用由两组动力驱动的钢叉直接插入胶块的抓取方式，两组钢叉间有一个夹角，进一步确保了抓取作业的可靠性。卸载时通过驱动装置反向运动拔出钢叉，胶块即脱落。

3. 图像识别系统(含照相机及点激光测距装置)

(1) 能够捕捉工作区域内胶块的外形轮廓及高度，并计算出胶块的几何中心(抓取点)，为工业机器人抓取作业提供位置数据；能够捕捉工作区域内输送带上的空位情况，为工业机器人投放胶块提供位置数据。

(2) 每个图像识别系统包括一台照相机和三个点激光测距装置，照相机固定在照相机支架上。三个点激光测距装置被设置在胶块抓具上，通过点激光测距装置确认胶块高度数据和倾斜角度数据。

4. 照相机支架(含焦距调整装置)

(1) 在一个适当高度上支撑照相机,使其具有需要的视野并避免与机器人运动干涉。

(2) 焦距调整装置的作用是当托盘上的胶块高度变化时,根据点激光测距数值适当调整相机焦距(高度),以保证摄取图像的准确。

小 结

本模块主要介绍了专用末端操作器的结构、应用与分类以及常见的末端操作器的应用。通过学习,要在了解这些专用末端操作器的基础上,重点掌握专用末端操作器的功用,能够正确地选择和使用专用末端操作器,能根据专用末端操作器功能与工业机器人进行合理匹配应用,并利用创新思维根据实际应用环境不断优化和完善结构。

拓展资料

素养提升

聚焦软体,做柔性制造领头羊

瑞士ABB、德国库卡、日本发那科与安川电机,在工业机器人市场中处在寡头垄断地位。令人欣慰的是,我国在软体机器人领域已经取得重大突破。近年来我国致力于软体机器人技术在工业智能制造自动化领域的推广和应用,以软体机器人技术为代表的一类前沿科技成果,是目前智能制造领域的新技术,代表着未来智能制造发展的方向,全系列的柔性末端操作器为客户提供完整、多元、可靠的柔性抓取解决方案,正成为全世界柔性夹爪细分行业的龙头。例如北京软体机器人科技有限公司(SRT)已经成为全球为数不多的具备软体夹爪研制能力的公司。SRT的软体夹爪能轻松夹取生鸡蛋黄,而且保证蛋黄不破,可见其技术实力。如今,SRT的产品在食品、生鲜、3C电子等多个领域有广泛的应用,在全球拿下了超300家客户订单,展现出了巨大的发展潜力。软体机器人市场才起步不久,有着巨大的发展潜力。在这一市场上,我国已经取得了一定的成绩,保障了我国的制造业安全,同时为企业乃至全社会带来了巨大的经济效益。

思考题

一、选择题

1. 并联结构末端操作器与常规工业机器人手爪最大的不同是（　　）。

A. 并联结构末端操作器是闭环机构

B. 并联结构末端操作器只有单自由度

C. 常规工业机器人手爪刚度好

2. 下列不属于工业机器人手部特点的是（　　）。

A. 其开合动作不计入机器人自由度

B. 通用性差

C. 是一个独立的部件

D. 一般适合拾取多种类型的工件

3. 在需要高刚度，高速度、高精度工作场景中，（　　）最适合。

A. 夹钳式手爪

B. 气吸附式手爪

C. 磁吸附式手爪

D. 并联结构末端操作器

4. 机器视觉系统主要由三部分组成（　　）。

A. 图像的获取　　B. 图像恢复

C. 图像增强　　D. 图像的处理和分析

E. 输出或显示　　F. 图形绘制

二、判断题

1. 并联结构末端操作器其结构是完全对称的。（　　）

2. V 形指端主要用来夹取具有平面的工件。（　　）

3. 具有平动型传动机构的机器人手部，其一般由一个平行四边机构来驱动手指运动。（　　）

4.加工用末端操作器是带有喷枪、焊枪、砂轮、齿轮、铣刀等加工工具的机器人附加装置。 ( )

三、简答题

1.什么是末端操作器?它主要应用在哪些领域?

2.末端操作器中的检测与预警通常可以通过哪些元器件实现?

3.胶块搬运系统中,末端操作器的工作原理是什么?

参考文献

[1] John J. Craig. 机器人学导论[M]. 4 版. 北京：机械工业出版社，2017.

[2] 滕宏春. 工业机器人与机械手[M]. 北京：电子工业出版社，2015.

[3] 韩建海. 工业机器人[M]. 4 版. 武汉：华中科技大学出版社，2019.

[4] 蔡自兴. 机器人学基础[M]. 3 版. 北京：机械工业出版社，2009.

[5] 刘英卫，何世松，张洪涛. 工程力学[M]. 北京：北京理工大学出版社，2010.

[6] 成大先. 机械设计手册[M]. 6 版. 北京：化学工业出版社，2016.

[7] 张利平. 液压气动技术速查手册[M]. 2 版。北京：化学工业出版社，2016.

[8] 蒋刚、龚迪琛. 工业机器人[M]. 成都：西南交通大学出版社. 2010.

[9] 潘焕焕，赵言正，刘淑良. 多功能履带式磁吸附爬壁机器人的姿态控制研究[J]. 哈尔滨工业大学学报，2000，32(2)：0367～6234.

[10] 汪家斌，李丽荣，陈咏华. 壁面移动机器人吸附方式的研究现状与发展[J]. 机械，2012，39(1)：1006～0316.

[11] 朱佩华，王巍，李雪鹏，等. 基于 GPL 模型的仿生爬壁机器人路径规划[J]. 中国机械工程，2016，27(24)：3273-3278.